最強の効果を生みだす

新しい SEO の教科書

NEW TEXTBOOK OF SEO

野澤洋介 —— 著

技術評論社

はじめに

　SEOは、「これを行えば必ず順位が上がる」といったマジックのような手法ではありません。そもそもGoogleのスタッフでもない限り、必ず順位が上がるとはいい切れないものです。

　「SEO」という言葉が一般に知られ始めた頃は、キーワードを一定の割合でページに含めるといったような、検索エンジンの弱点を突く手法が有名でした。現在のGoogleのシステムは人間に近づき、検索エンジンの弱点は改善され、ユーザーの意図やコンテンツに書かれている内容を理解できるようになりつつあるといわれています。そのため、テクニック的な施策よりも、ユーザーの支持を得られる本質的な施策が求められるようになっています。

　本書では、ユーザーの目線でライバルよりも優れたコンテンツを提供するための「地道な取り組み」を、重点的に解説しています。SEOにチャレンジされる企業の担当者、または経営者の方に活用してもらい、役に立つことができれば幸いです。

2017年8月

株式会社アレグロマーケティング
代表取締役社長　野澤　洋介

目次

Chapter 1 　基礎

SEOの基礎をマスターしよう

Section 01	検索エンジンからの集客を増やす「SEO」とは？	14
Section 02	WebサイトにはなぜSEOが必要なのか	16
Section 03	ロボットではなく人に焦点を当てる	18
Section 04	SEOは数ある手法のうちの一つに過ぎない	20
Section 05	リスティング広告とSEOの違い	22
Section 06	表示順位だけではないSEOの成果と価値	24
Section 07	SEOを実施する最適なタイミング	26
Section 08	内製と外注どちらが効果的か	28
Section 09	検索ユーザーに好まれるコンテンツを提供する	30

Chapter 2 　しくみ

検索エンジンのしくみを理解しよう

Section 01	理解しておきたい検索エンジンのしくみ	34
Section 02	代表的な検索エンジンの特徴とユーザー層	36
Section 03	検索エンジンの歴史と進化	38
Section 04	Googleが目指す検索エンジン	40
Section 05	SEOの第一歩「クロール」に対する効果的な施策	42
Section 06	Webページが「インデックスされる」とは？	44

CONTENTS

Section 07	検索ランキングはどうやって決まる？	46
Section 08	SEOを理解するための検索結果ページの見方	48
Section 09	表示順位に関わる重要な3つのシグナル	50
Section 10	表示順位はユーザー環境によって異なる	52
Section 11	Googleが考えるスパム行為とペナルティ	54
Section 12	検索クエリの種類と傾向を知り効果ある対策を！	56
Section 13	検索ユーザーが検索エンジンを利用する目的	58

Chapter 3
まずはこれだけはやっておきたいSEOの常識

内部対策

Section 01	効果の上がらない古いSEOを一度捨てる	60
Section 02	独自ドメインを取得する	62
Section 03	Search Consoleを導入する	64
Section 04	クローラーの巡回を促すサイトマップを作成する	66
Section 05	サイトマップをSearch Consoleに登録する	68
Section 06	Googleマイビジネスでローカル SEOを強化する	70
Section 07	Googleマイビジネスに登録する	72
Section 08	コンテンツはテキストを重視する	74
Section 09	誤ってnoindexを設定していないか確認する	76
Section 10	robots.txtでミスがないか確認する	78
Section 11	「canonical属性」の設定ミスを避ける	80

Section 12	ユーザー視点で情報を整理するにはブログが最適	82
Section 13	有益かつ詳しい情報でページを作成・改善する	84
Section 14	ユーザーにとって読みやすいページにする	86
Section 15	オリジナリティのあるコンテンツを作成する	88
Section 16	コンテンツの情報は常に最新に保つ	90
Section 17	Googleアナリティクスを導入する	92

Chapter 4

内部対策

Webページ最適化のための施策

Section 01	検索結果に表示されるタイトルを考える	96
Section 02	考えたタイトルを適用する（タイトルタグ）	98
Section 03	検索結果に表示される紹介文を考える	100
Section 04	考えた紹介文を記述する（メタディスクリプション）	102
Section 05	タイトルやメタディスクリプションはページごとに記述する	104
Section 06	効果的なタイトル・紹介文の書き方	106
Section 07	Webページの記事に見出しを記述する	108
Section 08	画像にはalt属性を記述する	110
Section 09	アンカーテキストを記述する	112
Section 10	正しいHTMLは順位に影響する？	114
Section 11	検索意図を意識して同義語を活用する	116

CONTENTS

Chapter 5　　内部対策
Webサイト構造を最適化するための施策

Section 01	SSL対応でセキュリティを強化する	120
Section 02	SSL対応時の注意点を確認する	122
Section 03	ページの表示速度を改善する	124
Section 04	Googleアナリティクスで遅いページを確認する	126
Section 05	PageSpeed Insightsで表示速度をチェックする	128
Section 06	サイトマップで検索エンジンの巡回を効率化する	130
Section 07	不要なページは巡回をブロックする (robots.txt)	132
Section 08	URL構造をわかりやすくする	134
Section 09	ユーザー目線で使いやすいリンクを設置する	136
Section 10	URLを正規化してサイトの評価を高める	138
Section 11	ナビゲーションメニューで使いやすいサイトに	140
Section 12	原因を探りリンク切れに対応する	142
Section 13	検索結果にリッチスニペットを表示する	144
Section 14	構造化データをマークアップする	146
Section 15	特定ページにページランクを流さないようにする (nofollow属性)	148

Chapter 6　モバイル
モバイルフレンドリーのための施策

Section 01	Webサイトのモバイル対応は必須！	150
Section 02	モバイルフレンドリーを優遇するアルゴリズム	152
Section 03	スマートフォンとパソコンで表示順位が異なる？	154
Section 04	モバイルファーストインデックスに対応する	156
Section 05	モバイルフレンドリーなWebサイトの実装方法	158
Section 06	Search Consoleでモバイルユーザビリティをチェックする	160
Section 07	モバイルフレンドリーテストツールを使う	162
Section 08	ページとサイトマップにアノテーションを追加する（別々のURLの場合）	164
Section 09	インタースティシャルの使用は避ける	166
Section 10	モバイルページの表示スピードを改善する	168
Section 11	モバイルページのレイアウト表示を確認する	170

Chapter 7　コンテンツ
優れたコンテンツを目指すためのテクニック

Section 01	SEOで大切なコンテンツの「質」とは？	172
Section 02	コンテンツの質と量を意識する	174
Section 03	商品ページやトップページの役割を知る	176
Section 04	ブログ活用に適したケースを知る	178

CONTENTS

Section 05	ブログを活用して価値ある情報を提供する	180
Section 06	使用される単語数による検索クエリの特徴	182
Section 07	ロングテールSEOでアクセスUPを目指す	184
Section 08	ビッグワードを意識したコンテンツを作成する	186
Section 09	ターゲットを明確にしてブログのテーマを決める	188
Section 10	ユーザーが実際に使用しているクエリを調査する	190
Section 11	キーワードプランナーでキーワードを選定する	192
Section 12	コンテンツ作成のプランを練る	194
Section 13	コンテンツに含めるトピックを分類する	196
Section 14	ライバルサイトのトピックを調査する	198
Section 15	コンテンツ作成のためのアウトラインを用意する	200
Section 16	コンテンツ作成の注意点を確認する	202
Section 17	ユーザーの疑問に答える（強調スニペット）	204
Section 18	ページ内の目次を作成しリンクを設定する	206
Section 19	使いやすいURLやファイル名にする	208
Section 20	ユーザーに有益なCTA・リンクを設置する	210

Chapter 8　　　　　　　　　　　　　　　　　外部対策
Webサイトの価値を高めるためのテクニック

Section 01	優れたコンテンツで自然被リンクを獲得する	212
Section 02	被リンクはWebページの「信頼」を表す指標	214

Section 03	ページランクの操作を目的とした被リンクはガイドライン違反 … 216
Section 04	自社やパートナーのサイトからの被リンクを活かす ……… 218
Section 05	購読者を増やす（RSSフィードの活用）……………… 220
Section 06	読者に登録してもらうためのfeedlyボタンを設置する … 222
Section 07	Search Consoleで被リンクを確認する …………… 224
Section 08	質の低い被リンクに対応する ……………………… 226
Section 09	SNSの拡散力をSEOに活かす ……………………… 228
Section 10	各種SNSボタンを設置する ………………………… 230
Section 11	TwitterをSEOに活用する ………………………… 232
Section 12	FacebookをSEOに活用する ……………………… 234
Section 13	YouTubeをSEOに活用する ………………………… 236
Section 14	作成したコンテンツをSNSで発信する ………………… 238
Section 15	SNS上のコメントを自身のSNSで取り上げる ………… 240

Chapter 9　分析

分析ツール活用のテクニック

Section 01	Search Consoleを活用する …………………… 242
Section 02	Search Consoleでクロールエラーを確認する ……… 244
Section 03	Search Consoleで検索結果のパフォーマンスを調べる … 246
Section 04	検索アナリティクスでさらに詳しく調べる ……………… 248
Section 05	GoogleアナリティクスをSearch Consoleと連携する … 250

CONTENTS

Section 06	獲得した検索クエリをGoogleアナリティクスで確認する	252
Section 07	Googleアナリティクスでユーザーサマリーを確認する	254
Section 08	作成したページのトラフィックをGoogleアナリティクスで確認する	256
Section 09	ユーザー行動を分析して成果に結びつける	258
Section 10	Googleアナリティクスを活用して目標達成の精度を上げる	260
Section 11	目標に到達するまでのユーザー行動を確認する	262

Chapter 10 更新・改善
SEOを継続していくためのテクニック

Section 01	Webサイトの更新頻度は重要？	264
Section 02	コンテンツ作成後の順位やトラフィック	266
Section 03	順位が上がらない場合のチェックポイントを知る…	268
Section 04	上位表示からの急な順位降下に対応する	270
Section 05	既存コンテンツを改善・強化する	272
Section 06	コンテンツを追加し改善・強化のサイクルを回す	274
Section 07	複数のコンテンツを統合する	276
Section 08	集客や順位だけに注力せず信頼度の向上を図る	278
Section 09	最新のSEO情報を定期的にチェックする	280
Section 10	検索と購買行動の多様化に対応する	282

| 索引 | 284 |

ご注意：ご購入・ご利用の前に必ずお読みください

●本書に記載された内容は、情報の提供のみを目的としています。したがって、本書を用いた運用は、必ずお客様自身の責任と判断によって行ってください。これらの情報の運用の結果について、弊社および著者はいかなる責任も負いません。

●ソフトウェアに関する記述は、特に断りのない限り、2017年8月現在での最新バージョンをもとにしています。ソフトウェアはバージョンアップされる場合があり、本書での説明とは機能内容や画面図などが異なってしまうこともあり得ます。あらかじめご了承ください。

●インターネットの情報については、URLや画面などが変更されている可能性があります。ご注意ください。

以上の注意事項をご承諾いただいた上で、本書をご利用願います。これらの注意事項をお読みいただかずに、お問い合わせいただいても、弊社では対応いたしかねます。あらかじめご承知おきください。

■本書に掲載した会社名、プログラム名、システム名などは、米国およびその他の国における登録商標または商標です。本文中では™マーク、®マークは明記しておりません。

Chapter

SEOの基礎を
マスターしよう

基礎

検索エンジンから自分のWebサイトへの訪問者を増やし、売り上げアップなどの目的につなげるための取り組みを、「SEO」といいます。Chapter 1では、SEOに取り組むために必要な基礎知識について解説します。

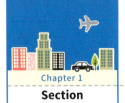

Chapter 1
Section 01

Keyword >> SEO / 検索エンジン / アルゴリズム / デバイス

検索エンジンからの集客を増やす「SEO」とは？

「SEO」（エス・イー・オー）とは、検索エンジンからの集客を増やし、売り上げや問い合わせ数を向上させる手法、および日常の取り組みを意味します。多くの人に自社（自分）のWebサイトを見てもらうため、SEOを考慮したサイト作りが欠かせません。

 ## SEOという手法の誕生

私たちが物事を調べるときに、検索エンジンは欠かせない存在になっています。

検索ユーザーは調べたい事柄に対して単語やフレーズを入力し、検索エンジンはその意図に合ったWebページを、関連性の高い順に表示してくれます。検索から目的のページにたどり着く、そんな**検索エンジンを利用したユーザーの行動に着目し、集客を増やし、売り上げや問い合わせ数を向上させるための手法や取り組みを、「SEO（Search Engine Optimization：検索エンジン最適化）」**といいます。

▼SEOとは

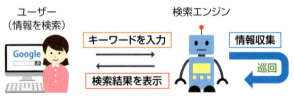

インターネット上には、膨大な数のWebページがあります。その中から検索エンジンが必要な情報を探し、適切に提供するための手順を、「**アルゴリズム**」といいます。検索エンジンの代表格であるGoogleは独自のアルゴリズムに従い、膨大な数のWebページの中から相応しいページを探し出し表示しています。

Webサイト運営者にとっては、いかに多くの人に自身のWebサイトを見つけてもらうかが大きな課題の一つです。

検索エンジンの登場以降、Webサイト運営者はアルゴリズムに興味を持ち始め、その傾向に合わせてWebサイトを修正することで、検索結果の表示順位が変わることに気がつきました。そして、主要な検索エンジンのアルゴリズムは研究されるようになり、SEOという手法が登場します。

初期の検索エンジンとSEOの移り変わり

　検索エンジンは1990年に誕生し、1990年代後半にはGoogleやYahoo!、Exciteなどさまざまなサービスが登場します。この頃のSEOは、「検索されそうなキーワードをWebページ上に多く含める」という原始的な手法で、かんたんに検索結果の上位に表示させることができました。その後、検索エンジンは進化し、過去のSEOが「検索エンジンに対する施策」ばかりであったのに対し、**現在のSEOは「ユーザーに焦点を当てた取り組み」へと変わってきています**。

　検索に利用されるデバイスはパソコンが主流でしたが、2015年にはアメリカや日本などで「モバイルデバイス（スマートフォンやタブレット）による検索がパソコンを上回った」と、Googleが発表しています。また、従来はパソコン用サイトの内容を評価して順位が決められていたのが、将来的にはスマートフォン用サイトの内容を評価するようになるといわれています。そのためWebサイトの運営者は、パソコンユーザーだけではなくスマートフォンユーザーの利便性も考慮しなければなりません。

▼SEOの移り変わり

Chapter 1
Section 02

Keyword >> クリック率 / オーガニック検索 / 訪問者数

Webサイトには なぜSEOが必要なのか

Webサイトへのアクセス方法には「検索エンジン経由」だけでなく、「URLの直接入力」や「他サイトからのリンク経由」など、複数の経路があります。ここでは、検索エンジンで上位表示されることによる、ほかの経路にはないメリットを解説します。

 ## 検索結果で上位に表示されることの意味

　検索エンジンは、私たちにとって商品や情報を探す手段の一つです。現在では、キーワードを入力したり音声で質問したりすることで、ほんの数秒で関連する情報を見つけることができます。Webサイトを運営する側から見れば、さまざまなキーワードで検索結果の上位に表示されるということは、多くの人に自分（自社）のWebサイトやビジネスを見てもらう機会が増えることを意味します。

　何らかのキーワードで検索した際に、**Googleのオーガニック検索枠の1番目に表示されると、検索された回数のうち約17％の確率でクリックされる**というデータ（2013年のCATALYST社による調査）があります。「オーガニック検索枠」とは、検索結果画面の広告を除いた部分のことです。

▼オーガニック検索枠とは？

16

SEOで検索経由の訪問者数を増やす

　P.16で、検索結果の1番上に表示されたWebサイトのクリック率を紹介しました。そのキーワードがどれくらい検索されるかにもよりますが、「クリックした人=顧客になる可能性がある」と考えた場合、この確率はとても大きな意味を持ちます。

　たとえば、「花　ギフト」というキーワードが、Googleで月間6,600回ほど検索されているとします。**このキーワードで1位になるということは、月間でおよそ1,100件の訪問者を獲得できる可能性がある**、ということになります。Yahoo! JAPAN（以降「Yahoo!」と表記）での検索も含めれば、さらに増えるでしょう（Yahoo!はGoogleの検索エンジンを採用しているため、日本の検索市場においてGoogleは9割近いシェアを持っています）。

　もちろん、狙ったキーワードすべてで1位になることは難しいですが、検索エンジンについて理解し正しい方法でSEOを行うことで、多くの人に自社の製品やサービスを見つけてもらえるようになります。

▼上位表示されればクリック率も高くなる

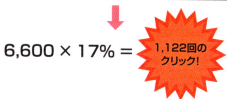

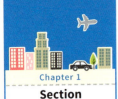

Chapter 1 Section 03

Keyword >> ロボット / SXO / ユーザー体験 / スパム / ガイドライン

ロボットではなく人に焦点を当てる

「SEO」という言葉が広まり始めた頃、検索エンジンのテクノロジーは今と比べるとまだまだ不完全なものでした。その後、アルゴリズムの改良やAIの導入などによって、人が文章を読んで理解する能力に近づきつつあるといわれています。

 ## Googleの進化とともに変わりつつあるSEO

　SEOは、しばしば「検索エンジンのロボット（P.34参照）に向けた施策」と考えてしまわれがちです。"SEO"という言葉が生まれた時代はそれでよかったのですが、**現在の検索エンジンはコンテンツの意味や検索ユーザーが入力するクエリ（キーワード）を、極めて人に近い形で理解できるようになっています**。最近では、"SEO"という言葉が検索エンジンのロボットを対象とした施策と誤解されがちなため、人を対象とした「SXO」（Search Experience Optimization：検索体験最適化）という言葉が使用されるようにもなってきています。

 ## 優れた体験を提供する取り組み

　ひと昔前の検索エンジンでは、たとえコンテンツ（Webサイトの中身）が薄くても、有効なキーワードを多く含めることで、かんたんに順位を上げることが可能でした。そのため過剰なSEOが流行しましたが、**検索エンジン側がこれらをスパム（迷惑行為）として対処**した結果、現在ではほとんど意味のない手法となっています。その後、"被リンク（自分のWebサイトへのリンク）を集めることが評価につながる"ということが広まると、自作自演の被リンクによって、検索結果の順位は操作されるようになります。しかしこれもまた、アルゴリズムの改良によって通用しなくなりました。スパムを行ったWebサイトは評価を下げられてしまうこともあり、質の低いコンテンツを量産したサイトは、検索結果に表示される機会が減りました。

このようなアルゴリズムのギャップを突く手法は、たとえ一時的に成果を上げたとしても、検索エンジンの改良によって評価が見直され、通用しなくなります。ガイドラインを守って、ユーザーのためになるSEOを心がけましょう。ガイドラインは「https://support.google.com/webmasters/answer/35769/」から確認できるので、一度目を通しておきましょう。

　現在のSEOはSXOへと変化しています。SXOは、検索ユーザーに対して誰よりも優れた体験を提供する取り組みです。**ロボットやプログラムではなく、"人の体験"に焦点を当てた対策**こそが、長期的に取り組む価値のあるSEOなのです。

▼旧来のSEOと現在のSEOの違い

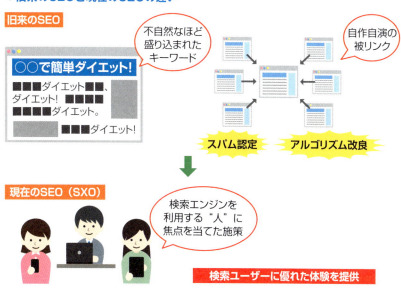

COLUMN　SXO - 検索体験の最適化とは？

ユーザーの"体験に焦点を当てる"というと、大げさでわかりにくいかもしれません。具体的には以下のような、ユーザー目線の対策のことです。
・どのデバイスでも閲覧しやすいレイアウトや構造にする
・調べたい情報にすぐにたどり着けるよう配慮する
・さまざまな通信速度環境でも、すばやく表示できるように改善する
・検索ユーザーの調べたい情報を、他サイトよりも詳しく正確に提供する

Chapter 1
Section 04

Keyword >> 目標 / 広告 / 検索クエリ

SEOは数ある手法のうちの一つに過ぎない

SEOに取り組んだ経験がない人は、SEOがまるでマジックであるかのように、過剰に期待してしまうかもしれません。残念なことにほとんどの場合、対策してすぐに順位や集客数が向上し、売り上げや問い合わせにつながるということはありません。

SEOは目標を達成するための手法の一つ

　Webサイトをビジネスとして活用する際には、必ずSEOに取り組むうえでの目標があるはずです。ECサイトであれば売り上げの向上が目標でしょうし、何らかのサービスを紹介するWebサイトであれば、申し込み数や問い合わせ数の増加などが考えられます。目標を達成するためには、SEOに限らずさまざまな手法の中から適切な方法、あるいは複数の手法の組み合わせを選択します。

　SEOは、ターゲットとなる検索ユーザーに対して、アプローチする手法の一つに過ぎません。また、**検索エンジン経由でのユーザー接点を持つための手法としては、「リスティング広告」（P.22～23参照）という選択肢もあります**。それぞれの手法の特性を正しく理解することで、ベストな選択をすることができます。

▼SEOは選択肢の一つに過ぎない

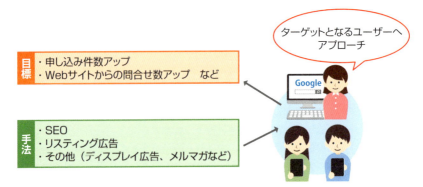

検索ユーザーの意図に合わせた手法を選ぶ

　検索ユーザーが情報を探す際に入力する語句やフレーズのことを、「**検索クエリ**」と呼びます。この検索クエリについては、半数近くの人が「何かをしたいから」や「どこかへ行きたいから」といった特定の目的ではなく、「ふと気になったから」検索しているという、興味深いデータもあります。

　たとえば「フットサルシューズ　通販」、「電卓　おしゃれ　安い」、「dviケーブル　5m（メーカー名）」などは、「今すぐそれがほしい」という購買意欲の高いフレーズであり利益につながりやすく、もっとも効果的な検索クエリであるように見えます。しかし**SEOは、それなりに多くの時間を必要とする手法であり、短期的に成果を上げるためには適していません**。短期的な利益につなげるには、すぐにターゲットに訴求できるリスティング広告やディスプレイ広告などのほうが適しています。とくに季節商材の場合には、広告と比べて掲載をコントロールしづらいSEOは、最適な手段とはいえないでしょう。

　一方で、「○○とは？」、「○○　意味」などは、「ふと気になった」ときに検索される、特定の目的を持たない場合や、情報収集が目的の場合に使用される検索クエリです。たとえばテレビを見ていてふと気になった芸能人や、人との会話の最中に気になった物事を調べたりすることは、誰でも日常的に行っていることでしょう。

▼**検索意図と効果的な対策**

「買いたい」という意図

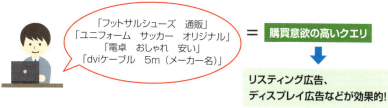

「ふと気になった」

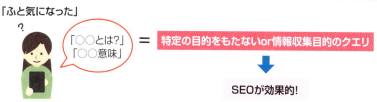

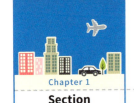

Chapter 1
Section 05

Keyword >> リスティング広告 / クエリの意図 / 特徴比較

リスティング広告とSEOの違い

検索クエリの特徴を把握せず闇雲にSEOを行っても、時間ばかりがかかり、なかなか成果に結びつきません。SEOでもリスティング広告でも、ターゲットとするクエリの特徴やユーザーの意図を理解したうえで活用すると効果的です。

検索クエリによる検索結果の違い

リスティング広告は、クリックされることで課金されます。リスティング広告枠はオーガニック検索枠よりも上部（または下部）に位置し、「広告」ラベルが付きます。競争の激しいクエリの場合には、ブラウザで最初に表示される部分（ファーストビュー）の大半が広告である場合もあります。つまり、**お金に結びつきやすいクエリでは、検索結果画面において広告枠が占めるスペースが多くなります**。そして、広告枠がオーガニック検索枠より優先的に表示されるしくみとなっています。

一方で購入意図はなく、情報収集を目的としたクエリの場合には、あまり広告が表示されません。すぐに収益に結びつかないクエリに対して広告を表示しても、無駄なクリックでコストばかり増えてしまうため、そのようなクエリの場合は広告表示が少なくなります。

▼購入や成約に直結するクエリ

検索結果画面の上部を広告枠（オレンジの枠で囲った部分）が占める

▼情報収集が目的のクエリ

収益に結びつかないクエリでは、広告表示が少なくなる

SEOとリスティング広告の特徴の比較

　リスティング広告は、購買意図の強いクエリに狙いを定めて広告を表示させると、とても効果的です。対して**SEOは、「情報収集段階から検索ユーザーとの接点を持ち、コンテンツを通して信頼を築き、購買まで結びつける」という、ユーザーとの持続的な関係性の構築に適しています。**

　下の表は、SEOとリスティング広告の特徴を、比較できるようにまとめたものです。コストをかける分、リスティング広告は検索結果における広告掲載順位をコントロールしやすいというメリットがあります。SEOの場合は、クリックに費用がかからないというメリットが大きいでしょう。

　検索エンジンに関する誤解の一つに、「リスティング広告を出すとオーガニック検索枠の順位も優遇される」というものがありますが、これは間違いであり、Googleも否定しています。オーガニック検索枠の順位は、お金では買えません。

▼SEOとリスティング広告の違い

	SEO	リスティング広告
クエリの意図	情報収集	購入や行動
適したページ	まとめや解説コンテンツ	商品ページ、カテゴリ一覧ページ、専用のランディングページ（最初に表示されるページ）
対策の目的	ユーザーに価値ある情報を提供して信頼を獲得する	購買意欲の高いユーザーに自社商品のメリットを伝え購入へ結びつける
課金方法	無料	クリック課金（ユーザーがリンクをクリックすると、広告主に課金される）
ランディングページ	完全にはコントロールできない	指定できる
検索結果に表示されるまでの期間	表示までに時間がかかる	広告費用を払えば数日以内に広告が掲載される
順位のコントロール	難しい。評価を蓄積していくイメージ	時間帯、地域指定可。効果的でなければすぐに広告を停止できる。入札単価や広告品質を上げれば順位はコントロールしやすい
順位決定要素	キーワードの意図、コンテンツの質、ページランクなど200以上の要素。詳細は公開されていない	入札単価、広告の品質、広告フォーマット

Chapter 1
Section 06

Keyword >> 成果指標 / 順位 / PV数 / 信頼

表示順位だけではない SEOの成果と価値

SEOの成果は、表示順位やPV（ページビュー）のみでは判断できません。特定のクエリで順位が1位になったとしても、そもそも誰にも検索されないクエリである場合や、売り上げや問い合わせなどの直接的な成果につながらない場合もあり得ます。

 ## 順位やPV至上主義にならないようにしよう

　SEOの直接の目的は、検索結果の表示順位を上げることなので、順位はもちろん大切です。しかし、順位ばかりを追ってしまうと、無意味な検索クエリを選定してしまうかもしれません。**誰も検索しないクエリの順位を成果指標としてしまった場合、そのクエリで1位になっても集客には当然結びつきません**。それなりの検索数があるクエリでも、10位以内に表示されなければユーザーに見てもらえる可能性は低いでしょう。

　PV数ばかりを追うことも、おすすめできません。検索エンジンからの訪問者が増えても、コンテンツの文脈と商品やサービスとの関連性がなければ、成果に結びつかないでしょう。場合によっては、商品やサービスについての問い合わせではなく、見当違いの問い合わせが増えるといったデメリットもあります。

信頼を獲得することが何よりも大事

　検索エンジンのガイドラインや法律を無視した対策を行い、炎上してしまう事件は以前からあります。**コンテンツのコピーや一部書き換え、虚偽の情報の掲載**は、キュレーションメディアなどを中心に問題となっています。このような手法で順位が向上しても、ユーザーには評価されません。場合によっては、ブランドを大きく傷つけてサイト自体が閉鎖に追い込まれることもあります。検索ユーザーとの接点を増やすためにSEOを行い、コンテンツを通してユーザーの信頼を獲得することが大切です。

SEOの成果は複数の指標で総合的に判断しよう

　SEOでは、目的を明確にすることも大切です。たとえば「売り上げや問い合わせ数を伸ばす」ことは、目標の一つとなるでしょう。そして、売り上げや問い合わせにつなげるために、検索結果画面に表示される回数を増やし、ユーザーとの接点を増やしていくことが理想的です。本書の後半でより詳しく解説しますが、以下のような項目は、SEOの成果を測る際に参考となるデータです。

| ・CV | ・PV（ページビュー） | ・セッション数 | ・直帰率 |
| ・平均セッション時間 | ・順位 | ・被リンク | ・SNSのシェア数 |

　「**PV**」はWebページが表示された回数のことで、「**セッション**」とはWebサイト訪問時の一連の行動の単位です。たとえばWebサイトを訪問した際に「A」というページを見て、次に「B」、「C」とページを見ていってブラウザを閉じた場合には、「1セッションで3PV」となります。

　コンテンツが読みやすく、サイト内リンクがユーザーの興味を引くものであれば、「**直帰率**」が低くなり滞在時間が増えます。また、「**滞在時間**」の増加は、コンテンツの閲覧など、ユーザーがWebサイトの利用に費やす時間が増えていることを意味します。コンテンツの質が高ければ、「順位」や「獲得被リンク」、「シェアの数」が増えます。作成したコンテンツを通して信頼を獲得できれば、「**CV**」にも結びついていきます（CVは「コンバージョン」と読み、「申し込み」や「問い合わせ」などの"成果"を指します）。

▼指標の確認（Googleアナリティクス）

Chapter 1
Section 07

Keyword >> サイト構造 / 専門性 / ライバルサイト / スパム判定

SEOを実施する最適なタイミング

古いシステムでWebサイトを運用している場合、Webサイトの構造や利便性を改善したくてもできないケースもあります。Webサイトのリニューアルや新規開設時は、SEOを実施するには最適なタイミングです。

SEOを実施する最適なタイミング

　新規にWebサイトを開設する場合は、最初からSEOを考慮したサイト作りを行いましょう。WebサイトのURL構造やメニューの構造は、あとから修正しようとすると手間がかかります。一方で、たとえば10年近く運用していて**ページ数が膨大にあるWebサイトの場合、リニューアル時が、SEOを考慮する最適なタイミング**でしょう。なぜなら、現在のユーザー環境に合わせた改良を行う際に、古いシステムではさまざまな制限や技術的な問題があるため、無理に解決しようとするよりは新しいシステムに置き換えたほうが合理的だからです。

　SEOには、Webサイトの構造面の対策のほかに、「ブログを活用してユーザーに役立つ記事を作成する」といった、運用面での対策もあります。規模の小さなWebサイトがSEOを行う場合には、品揃え豊富な大規模サイトと構造面で競っても太刀打ちできないため、ブログを活用したSEOが取り組みやすいでしょう。

▼SEOを始めるタイミング

効果が出るまでの期間

SEOは、広告と比べると即効性がなく地道な取り組みです。「爆発的に集客が増える」といったマジックのような効果は期待できませんが、正しく対策することで、下のグラフのように訪問者を増やしていくことができます。ただし以下のような状況では、成果が出るまでの期間が長くなりがちです。

・「Webサイトのテーマが専門的だと認識されていない」
　<mark>検索エンジンは、Webサイトの専門性や過去の取り組みなども考慮して、順位を決定しています</mark>。テーマを絞って、質の高いコンテンツを増やしていく必要があります。

・「ライバルが多く専門性が高い分野」
　複数のライバルサイトがある場合は、長期的な取り組みになるかもしれません。<mark>競争が激しいクエリの場合は、ライバルサイトが扱っていないニッチなトピックからコンテンツを作成していくのも手です</mark>（P.183参照）。

・「放置ぎみのWebサイト」
　Webサイトをしばらく放置していた場合、検索エンジンから見れば「それほど巡回する必要がない」と判断されてしまいます。

・「過去にスパム判定を受けたWebサイト」
　手動による対策（P.55参照）を受けている場合は、解除しなくてはなりません。ガイドラインを確認し、過去の一切のスパム行為を排除しておきましょう。

▼SEOの効果

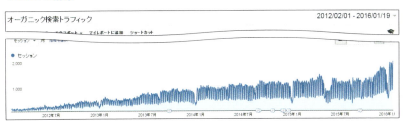

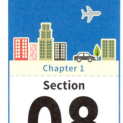

Chapter 1 Section 08

Keyword >> 内製 / 外注 / コンテンツ作成 / SEOサービス

内製と外注
どちらが効果的か

はじめてSEOを実施する場合、内製化すべきか外注すべきかで迷うかもしれません。外注するにしても、「キーワード調査」や「コンテンツ作成代行」などさまざまなサービスの中から、適したものを選択しなくてはなりません。

 ## SEOサービスに依頼する際の注意点

　SEOを目的としたサービスには、"被リンク購入"や"自動生成コンテンツ"などのスパム的な施策も含めると、多くの種類があります。サービスの内容を理解せずに導入すると、成果が上がらないばかりか、Webサイトやブランドを傷つけてしまうこともあります。SEOを外注する際の注意点については、Googleの「Search Consoleヘルプ」（https://support.google.com/webmasters/answer/35291/）に記載されているので、きちんと読んでおきましょう。

　これまで、一部の非道徳的なSEO業者による強引な宣伝や、検索エンジンの検索結果を不正に操作しようとする試みが、SEOサービス全体の信用を損なってきました。**Googleのガイドラインに違反する行為は、検索結果の表示順位などに悪影響を及ぼし、場合によっては検索結果から削除されることもあります**。

　SEOを内製で行うにしても、ガイドラインに違反するようなスパム行為を行わないよう、正しい知識を身につけておかなければなりません。

▼不適切なSEOサービス

●被リンク購入

●自動生成コンテンツ

中小規模のWebサイトならコンテンツの品質重視

　以前の検索エンジンでは、Webサイトの構造を少し修正するだけで順位が向上するケースも多々ありました。しかし、**現在の検索エンジンはコンテンツの品質を重視している**ため、そのような対策だけで順位を上げるのは難しくなっています。大規模なWebサイトのリニューアル時には、SEOを考慮したさまざまな調査やWebサイト構造の見直しなど、専門のコンサルティング企業に相談する意味はあるかもしれません。利用者数の多い大規模サイトであれば、Webサイト構造に関する小さな改良でも、大きな効果が期待できるからです。

　規模の小さなWebサイトの場合は、コンテンツの品質重視の運用面の対策をコツコツ行ったほうが効果的です。コンテンツを作成するためには、その分野における専門知識が必要となり、文章を書くだけでもそれなりの手間がかかります。

　それでも、コンテンツ作成は、なるべく自社で行うようにしましょう。なぜならユーザーに役立つ記事を作成しようとしても、その分野の専門家でなければ、薄っぺらい内容となってしまうからです。ライバルとの差別化、自社の優位点などを考慮したコンテンツを作成するとなると、外部の業者に任せてできるものではありません。

　文章を書くことに慣れていない人は抵抗があるかもしれませんし、作成したコンテンツが成果に結びつかない場合もあります。SEOサービスの中には、コンテンツの作り方や考え方、SEOへの取り組み方に関してトレーニングを提供してくれたり、コンサルティングを行ってくれたりする企業もあります。初期の段階では、そのような外部サービスを利用するのも一つの手です。ただし、将来的には業者に委ねるのではなく、自社で取り組めるような体制を構築していきましょう。

▼コンテンツ重視のSEOをコツコツと

Chapter 1
Section 09

Keyword >> スパム / 使いやすさ / 巡回の手助け / 信頼度 / コンテンツの質

検索ユーザーに好まれるコンテンツを提供する

GoogleやWeb関連メディアは、「小手先のテクニックではなくコンテンツの質を高め、ユーザーに価値を提供することが重要」だと、繰り返し啓蒙しています。ここでは、現在のSEOで重要なポイントについて解説します。

 ## 大切なのはコンテンツの質

　Googleのアルゴリズムでは、200以上の「シグナル」（順位付けの要因）によって検索順位を決めています。スパムに使用されることを避けるために、すべてのシグナルを公表することはしていません。これまで、多くのWebサイト運営者が検索エンジンのアルゴリズムの特徴を知るために実験を繰り返し、その過程で（間違った対策も含めて）数々の対策が編み出されました。たとえばキーワード含有率の調整や、キーワード詰め込み、低品質コンテンツの量産といった施策は、以前の検索エンジンであれば効果があったかもしれません。しかし、コンテンツの質を理解できるようになりつつある現在のGoogleにとっては、スパムとなる可能性があります。スパム認定はされないとしても、大きな効果は期待できません。このような**検索ユーザーの目線と関係のないテクニック論的な対策を行うよりは、コンテンツの質を高めることに時間をかけたほうがよいでしょう**。

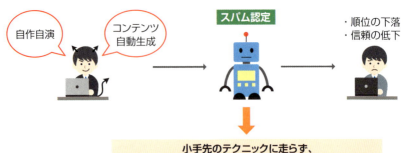

小手先のテクニックに走らず、質の高いコンテンツを作ることが、SEOの成功につながる

SEOで考慮すべきポイント

現在のSEOで考慮すべき要素は次のようなものが挙げられます。なお、細かい用語や施策内容については後述します。

①検索ユーザーが快適に使用できるWebサイト

「**スマートフォン対応になっているか**」や**ページの表示速度**など、"使いやすさ"は大切です。スマートフォンで表示した際に文字が小さかったり、表示されるまでの時間が長かったりすると、ユーザーがストレスを感じます。

②検索エンジンの巡回を手助けする要素

XMLサイトマップを始めとした、**検索エンジンにWebサイトの全体像を把握してもらうための対策**も、SEOでは大切です。規模の大きなWebサイトでは意識したほうがよいでしょう。

③検索エンジンや訪問者にとって内容の理解を助ける要素

Webサイトには、alt属性やタイトルタグなど、検索エンジンのコンテンツの理解を助ける要素があります。そして**わかりやすいレイアウトや見出し構成**は、ユーザーにとって読みやすいコンテンツになります。

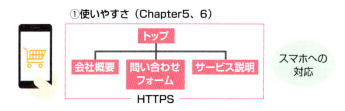

④信頼度を示す指標

　良質なコンテンツは、ソーシャルブックマークやSNSのシェアなどを通して多くの人に読まれ、共有されます。ただし、順位操作を目的とした被リンクの購入や過剰な相互リンク（サイトどうしでリンクし合うこと）は、Googleのガイドラインに違反する行為であり、Webサイトの評価を傷つけてしまうリスクがあります。検索結果から排除され、Googleの信頼を回復するために費やす労力やコストも馬鹿になりません。

　Googleは、**質の高いコンテンツから集まる自然な被リンクを、"信頼度が高い"、"質が高い" と評価します**。そのような被リンクを集めるためにも、検索ユーザーが満足する質の高いコンテンツを作成していくということが基本です。

⑤もっとも重要な要素「コンテンツの質」

　Googleがもっとも重要視する要素は、コンテンツの"質"です。**自社の得意な分野で、検索ユーザーに向けて優れたコンテンツを作成することができれば、ライバルとの差別化になり、ユーザーとの接点を増やすことにつながります**。

　ただし、SEOで決定的な差を付けられるだけの、上質なコンテンツを作成できている企業は、そこまで多くありません。コンテンツ作成とは、"ただ文章を書くこと"ではありません。ましてや、すでにインターネット上にあるほかのコンテンツをコピーし、言い換えることでもありません。

　競争力のある質の高いコンテンツを作成するには、ビジネスにおける自社の優位性や専門性を持ち、検索ユーザーの調べたい事柄やその意図を把握し、専門家として詳しくわかりやすく伝える姿勢が必要となります。

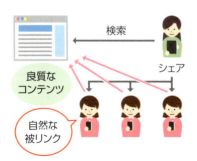
④自然な被リンク（Chapter8）

⑤検索ユーザーのニーズに応えるコンテンツ（Chapter7）

Chapter 2

検索エンジンの
しくみを理解しよう

しくみ

検索結果で上位に表示されるためには、検索エンジンについての理解が不可欠です。Chapter 2では、検索エンジンが「どうやってWebサイトの表示順位を決めているのか」という"しくみ"について、詳しく解説します。

Chapter 2
Section 01

Keyword >> ロボット型 / Googlebot / クロール / インデックス / アルゴリズム

理解しておきたい検索エンジンのしくみ

まずは、検索エンジンが検索結果を表示するしくみを理解しましょう。検索エンジンには「ロボット型」と「ディレクトリ型」の2種類がありますが、GoogleとYahoo!がどちらもロボット型なので、本書ではロボット型に絞って解説します。

 ## ロボット型検索エンジンのしくみ

Googleに代表されるロボット型検索エンジンでは、「クローラー」と呼ばれるプログラムが、インターネット上に存在するリンクをたどることによってWebサイトを収集し、収集されたWebサイトが検索対象となります。クローラーは検索エンジンごとに名称が異なり、Googleではメインのクローラーは「Googlebot」、マイクロソフトのBingの場合には「Bingbot」と呼ばれています。インターネット上のWebサイトの情報を効率よく取得するため、膨大な数のクローラーが、同時に巡回を行っています。

クローラーの種類は1つではありません。たとえばGoogleでは、以下のような特定のコンテンツに特化したクローラーが働いています。

・Googlebot-News（ニュース用）
・Googlebot-Image（画像用）
・Googlebot-Video（動画用）

ロボット型検索エンジンの特徴は、**インターネット上の情報収集から検索結果に表示されるまでの処理のほとんどが、自動的に行われている**ということです。より効率的にWebサイトを見つけたり、もっと便利な内容が検索結果に表示されたりするように改善方法を考えることや、処理の方法を改善していくこと、スパム（迷惑）行為を見つけて対応することなどは、人の手によって行われていますが、それ以外の処理はほぼ自動化されています。

クロール、インデックス、アルゴリズム

　ロボット型検索エンジンのしくみは、大きく分けて「クロール」「インデックス」「アルゴリズム」の3つの機能で構成されます。クロールは「巡回」のことで、以下のようにクローラーがリンクをたどってWebサイトを巡回し、情報を取得することです。

▼クロールのしくみ（P.42参照）

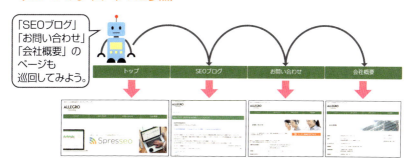

　インデックスとは「索引」のことを意味しますが、取得された情報が検索されやすいように、検索エンジンのデータベースに収納されることです。**すべてのWebページは、インデックスされないと検索の対象になりません**。アルゴリズムとは、「コンピューターが、ユーザーの入力やデータを処理して、計算したり画面を表示したりする"手順"や"ルール"を定めたもの」です。ユーザーがキーワードを検索すると、検索エンジンのアルゴリズムによって、インターネット上で取得したページをふさわしいと思われる順番で、検索結果上に表示します。

▼インデックスとアルゴリズムによる検索結果表示のしくみ

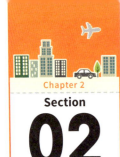

Chapter 2
Section 02

Keyword >> Google / Yahoo! / ユーザー層 / セッション数

代表的な検索エンジンの特徴とユーザー層

多くの検索エンジンが登場した2000年頃は、Yahoo!JAPANの利用者がもっとも多く、次にGoogleの利用者が多いという状況で、それぞれの検索エンジン向けのSEOが存在していました。現在では、Googleのみ考慮に入れておけば十分です。

国内の主要な検索エンジン

日本国内で使用される主要な検索エンジンは、GoogleとYahoo!です。この2つでシェアのほとんどを占め、次いでBingが利用されているといわれています。**それぞれの検索エンジンのシェアや特徴を理解することは、効率的にSEOを行うために、とても重要です。**

Yahoo!は2010年にGoogleの検索テクノロジーを導入し、どちらで検索した場合も基本的に同じ結果が表示されるようになりました。ただし、厳密にはYahoo!独自のフィルタリングを行っており、検索結果は若干異なります。

▼GoogleとYahoo!の検索結果画面の違い

リスティング広告の内容が異なるほか、Yahoo!には「Yahoo!知恵袋」や「NAVERまとめ」の検索結果も含まれるなどの違いがありますが、表示順位はほぼ同じです。

・赤…リスティング広告　　・青…GoogleおよびYahoo!独自のコンテンツ

Yahoo!とGoogleのユーザー層の違い

　オーガニック検索枠の順位はほぼ同じですが、Yahoo!とGoogleでは、ユーザーの傾向が大きく異なります。一般的には、「**Yahoo!は主婦層が多く利用し、Googleはビジネス層が利用している**」といわれています。利用目的の傾向にも特徴があり、Yahoo!のほうが日常利用で、Googleはビジネス利用の傾向が強いようです。

　たとえば、筆者運営のSEOに関するブログサイトでは、Googleだけでおよそ84％のオーガニック検索経由のセッション（訪問数）を獲得しています。「SEO」はどちらかといえばビジネス向きのコンテンツであり、検索しているのは、企業のWeb担当者やプロジェクトのリーダー、経営者といった人たちです。

　一方、楽譜の販売サイトの場合には、Yahoo!の比率が35％近くもあります。楽譜を探すユーザーは、ピアノ教室の先生や学生などが多いでしょう。このように、コンテンツの性質によって利用される検索エンジンの比率は異なるのです。

　SEOの面では、注力すべき検索エンジンがGoogleであることに変わりはありません。本書ではGoogleを対象とした最適化に絞って解説していきます。

▼分野によるYahoo!とGoogleのセッション数の違い

SEOに関するブログサイトのセッション数

楽譜の販売サイトのセッション数

Chapter 2 Section 03

Keyword >> 歴史 / ページランク / スパム / アップデート / ランクブレイン

検索エンジンの歴史と進化

初期の検索エンジンは精度が低く、今のように「検索すればすぐわかる」というものではありませんでした。しかし、しくみの改善や順位操作への対策などを繰り返し、その精度を上げてきたのです。ここでは、検索エンジンの進化について見ていきましょう。

 ## 検索エンジンの歴史

　世界初の検索エンジンは「Archie」（アーキー）で、インターネットで情報を検索できるしくみを開発しました。1995年には「Excite」や「Yahoo! JAPAN」といった検索エンジンが登場し、日本では、Yahoo!が検索エンジンシェアで独走の状態でした。ただし、特定の企業のWebサイトを探すことはできましたが、何かを調べたいときには、なかなか必要な情報にたどり着けず不便でした。Webコンテンツも現在ほど多くなく、まだまだインターネットや検索エンジンへの関心は少なかったという事情もありました。

　1998年にGoogleが登場すると、検索エンジンのシェアでトップになるまでに成長しました。"ググる"という俗語が生まれ、Googleで調べれば大抵のことは解決することから「Google先生に聞く」などといわれるようにもなりました。Googleの、ほかの検索エンジンとは大きく異なる点としては、**「リンク」を信頼度のシグナルとし、以下のようにページごとにスコア付けしている**点が挙げられます。このしくみを**ページランク**と呼びます。

▼ページランクのしくみ（10点のページから5つのリンクを設定した場合）

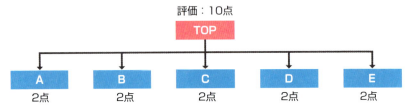

Googleの進化

2010年頃までは、ページランクの重要度は比較的大きく、ページランクの操作を目的とした、スパム行為が横行していました。スパムにより役に立たないページが上位表示されると、ユーザーの不満が高まり、Googleの目指す"ユーザーの役に立つ検索エンジン"には近付けません。

そのため、スパムに対する取り締まりを強化し、アルゴリズムによる対応と手動による対策により、非常に厳しい姿勢で対処するようになりました。現在では、**アルゴリズムの弱点をついたスパム行為を行っても、遅かれ早かれスパム対策によって排除されます**。スパム対策に関連する有名なアルゴリズムには、「パンダ・アップデート」と「ペンギン・アップデート」の2つがあります。

「パンダ」はコンテンツの品質を見分けるアルゴリズムです。内容の薄いページの掲載順位は下がり、独自の研究やレポート、分析といったユーザー向けに役立つ情報を提供しているページは評価されます。「ペンギン」はスパムを取り締まるアルゴリズムで、とくにリンクプログラム（P.54参照）を効果的に排除します。

スパム以外の点でも、数多くの改良が行われています。たとえば会話型検索を理解するためのアルゴリズムの「ハミングバード」では、スマートフォンの音声検索に対応できるようになり、過去に誰も検索したことがない未知のクエリは「ランクブレイン」で処理され、AI（人工知能）の技術が使用されています。今後はモバイル環境に対応するための進化が予想されます。

▼Googleにおける検索アルゴリズムのアップデートの例

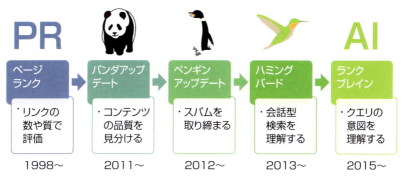

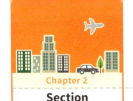

Chapter 2
Section 04

Keyword >> 手数料 / リスティング広告 / Googleの方針

Googleが目指す検索エンジン

現在のGoogleは、古いSEOテクニックはほとんど通用しません。アルゴリズムの隙をつくような対策も長続きしないでしょう。安定的にWebサイトの価値を蓄積していくため、Googleの方針を理解したうえで、Googleの目指す方向性に沿った対策を行いましょう。

 ## Googleのビジネス

　正しいSEOを行うために、Googleの方針を理解しておきましょう。Googleの収益源は、広告などの手数料です。検索結果画面の広告枠に表示される検索連動型広告（リスティング広告）がクリックされると、広告主からGoogleに手数料が支払われます。Googleが短期的な収益を優先するなら、検索結果を広告で埋め尽くしたり、オーガニック検索枠にも広告を含めたりすればよいでしょう。

　しかし、Googleが本当に検索結果を広告で埋め尽くした場合、クリックしても必要な情報に到達しにくくなり、売り込みページばかりでユーザーは不便だと感じるでしょう。そうなると検索ユーザーの減少につながり、広告の価値も低下してしまいます。そのため**リスティング広告は、わかりやすく「広告」ラベルを表示して、オーガニック検索による結果と混同されないように配慮されています**。

　Googleは検索ユーザーの利便性を重視しているため、オーガニック検索枠の表示順位をお金で買うこともできません。お金で買えてしまうと、ほとんどのワードは広告予算が潤沢にある大手企業で占められ、検索エンジンで何かを調べても、上位に表示されるのは大手企業の商品やサービスばかりとなってしまいます。

「広告」ラベルが表示される

Googleの方針

　Googleの取り組みに関するポリシーについては、「Google は Google 検索を通じてみなさんが見つける情報について、いつも気を配っています。そのため、ユーザーを第一に考えた一貫性のある取り組みを目指しています」（https://www.google.com/intl/ja_ALL/insidesearch/howsearchworks/policies.html）と書かれています。

　また、Googleの共同創設者であるラリー・ペイジ氏は、「完璧な検索エンジンとは、ユーザーの意図を正確に把握し、ユーザーのニーズにぴったり一致するものを返すエンジンである」と述べています。これらの言葉から、何よりもユーザーにとって使いやすい検索エンジンであることを、大切にしていることがわかります。

　Webサイト運営者の視点で考えると、Googleの方針に沿った施策を行うということは、それが**「検索ユーザーのための施策」であるか常に考え、「検索ユーザーの入力するクエリの意図を正確に理解」し、「そのクエリに込められたニーズにぴったり一致するコンテンツ」を提供する**ということになります。もちろん、Googleも現時点で完璧なサービスを提供できるということではないので、「タグの調整」（P.98参照）や「キーワードを含める」（P.190参照）といった施策は最低限必要です。ただし、今後もしくみが改良されていけば、このような施策の影響は徐々に薄れ、ユーザー向けの施策の重要度がさらに増していくでしょう。

▼これからのSEO

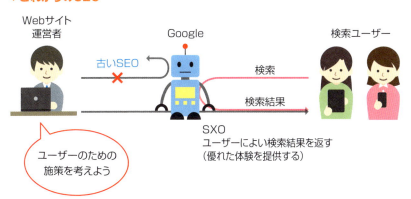

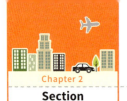

Chapter 2
Section
05

Keyword >> クロール / クローラー / リンク / サイトマップ

SEOの第一歩「クロール」に対する効果的な施策

まずは検索エンジンにWebサイトの存在を知らせて、検索結果に表示してもらう必要があります。ここでは、「クローラー」と呼ばれる巡回ロボットを呼び込み、検索結果に表示させる方法を解説します。

 ## クロールされなければ検索結果にも表示されない

　クロールとは、「クローラー」と呼ばれるプログラム（ロボット）がリンクをたどってページを巡回することです。巡回したページ内の情報を取得し、索引（インデックス）を作ることで、検索結果にはじめて表示されます。**リンクでたどることができないWebページは、そのままではクローラーに見つけてもらえないため、いつまで経っても検索結果に表示されません**。Webサイト全体のページがきちんとクロールされるように設計しておくことは、SEOの基本であるといえます。

　新規でWebサイトを作成した場合、外部からのリンクが1つもないため、クローラーの通り道がありません。そのまま放置していても、なかなか検索結果には表示されません。すでに自身で管理するほかのWebサイトがある場合には、新規のWebサイトにリンクを張ってあげることで、クローラーの通り道が作れます。

▼新規Webサイトにクローラーの通り道を作るには

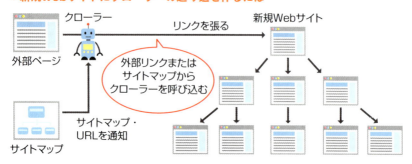

クローラーを呼び込む方法

　クローラーを呼び込むには、「すでにクローラーが通っている外部サイトからリンクを張る」、「**サイトマップを作成して検索エンジンに送信する**」(P.68参照)、「直接検索エンジンにURLを通知する」といった方法があります。しかし、インターネット上には数兆に及ぶWebページが存在しています。これらの方法をすべて行っても、直ちに自分のページが優先的にクロールされるということはありません。

　クロールの頻度やクロールによって取得する情報は、GoogleのアルゴリズムがWebサイトの状態を確認しながら自動で判断しています。各Webページは、公開後も内容が変更されたり追加されたり、削除されたりします。そのため検索エンジンも、同じページを繰り返し定期的にクロールするようなしくみになっています。クロールの頻度は、よく更新されるWebサイトであれば高く、更新が少ない（放置されている）Webサイトの場合には低くなります。

　Webページの追加や削除の状況、最終更新日などは、検索エンジンがクロールするうえでとても有用な情報です。そのため、Googleはこれらの情報を含むサイトマップの活用を薦めています。サイトマップは、新規Webサイトの立ち上げ時にも活用できますが、**既存のWebサイト内にリンクでたどることができないページがある場合も、サイトマップにそのWebページの情報が記述されていれば、クロール対象に含まれます**。まずは確実にクロールされるように、リンクによる通り道を確保し、サイトマップを作成しましょう。

▼既存のWebサイトにもサイトマップは有効

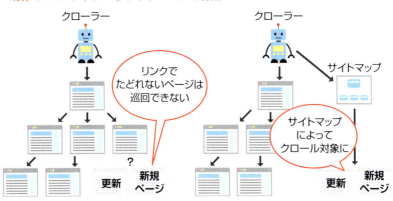

Chapter 2
Section 06

Keyword >> インデックス / モバイルファースト / インデックス数

Webページが「インデックスされる」とは？

前節では「クロール」について解説しましたが、検索結果に表示されるにはクロールだけでなく、"インデックスに登録される"ことも必要です。インデックスに登録されるということは、具体的に何を意味するのでしょうか？

情報を整理して索引を作る

　Googleでは、クロールしてWebページの情報を取得したあとに、「**インデックス**」を作成します。インデックスとは本の索引のような機能を意味し、検索対象となるページの場所を把握するために作成されます。インデックスの中には、Webサイト内の単語や、単語の意味などの情報が含まれます。インデックスを作成することで、ユーザーが検索した際に、適切な情報をすばやく表示できます。

　2016年までは、Googleは主にパソコン向けのコンテンツをもとに評価し、順位を決定していました。しかし、2016年11月に「モバイルファーストインデックス」の取り組みについてアナウンスしています。この取り組みは、「将来的にモバイル向けコンテンツを評価基準とする」ためのもので、**スマートフォンで見た際にレイアウトが崩れていたり、検索エンジンが正しくモバイル向けページを認識できなければ、検索順位が下がってしまう可能性があります**。モバイルページが適切に表示されているか、検索エンジンがモバイルページを正常にクロール、インデックスしているかなどをチェックしましょう（P.45参照）。

▼インデックスのしくみ

インデックスの確認方法

作成した特定のページにおけるインデックス状況は、次の方法で確認できます。

① Googleの検索枠に対象の**ページのURLを入力して、「"」ダブルクォーテーションで囲みます**1。ここでは「"https://www.allegro-inc.com/seo/google-basic"」と入力しています。

② インデックスされていれば、このようにページが表示されます2。

　Webサイト全体でインデックスされているWebページの数を調べたい場合には、「site:yourdomain.com」のように「site:」を含めて検索します。以下の場合では、257件と記述されています。なお、この方法でわかるのは正確なインデックス数ではなく、あくまで目安です。

Chapter 2

Keyword >> ユーザー環境 / クエリの意図 / ハミングバード / 位置情報

Section 07

検索ランキングは どうやって決まる？

Googleはユーザーの検索クエリから検索意図を解析し、ふさわしい順番にページを表示します。同じクエリで検索する場合でも、すべてのユーザーに同じ検索結果が表示されるわけではありません。

 ## ランキングはユーザー環境によって異なる

　インターネット上には膨大な数のWebサイトがあり、常に変化しているため、Googleやほかの検索エンジンによるクロール、インデックスは途切れることがありません。そのため**同じ検索クエリのランキングでも、日々変化しています**。

　下のグラフは、Googleで「seoブログ」と検索した際の、表示順位の推移です。毎日記録していますが、同じ順位に長期間とどまることはありません。圧倒的に他サイトよりもコンテンツの質が高い場合を除けば、このように細かく変動します。

　検索時に送信されるクエリは、データセンターに届き検索結果が返されます。データセンターは日本国内にも多数存在し、検索している場所やデータセンターへのアクセスの集中などの要因によって、適したデータセンターに送信されます。そのため、たった数分でも表示順位が異なる場合もあります。そのほか、デバイスや閲覧履歴によってもランキングは変化します。

▼「seo ブログ」で検索した際の順位推移（筆者Webサイト）

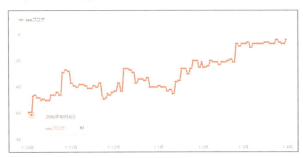

Googleは検索クエリの意図を理解しようとする

　Googleはもちろん、単純にユーザーの入力したクエリが多く含まれているページを表示しているわけではありません。ユーザーのニーズに合った結果を表示するためには、ユーザーの意図を正確に把握する必要があります。そのために多くのシグナル（P.30参照）を活用して、検索クエリの意図を解析しています。

　スマートフォンから音声検索した場合には、「ハミングバード」というアルゴリズムで、その中に含まれる意味を文脈などから判断します。たとえば「プリンターを購入するのに、自宅からもっとも近い場所は？」と検索した場合、**検索時の位置情報や「近くの電器店」といった意味を考慮して、検索結果を表示**します。また、一度も検索されたことのないクエリの場合、「ランクブレイン」というAIのアルゴリズムが作用します。ちなみに、1日にGoogleが処理するクエリの15%程度は、未知のクエリだといわれています。

　位置情報は、パソコンで「ラーメン」や「カフェ」などのキーワードで検索した場合にも活用されます。この場合、「近くのラーメン屋を探している」と判断され、検索時の位置情報から近いラーメン屋やカフェがマップ表示されます。とくにローカルビジネスの場合には、**"検索する地域ごとに表示順位が異なる"**ということを覚えておきましょう。

　Webサイトの運営者も、Googleと同様に検索クエリの意図を把握することが大切です。闇雲にコンテンツを作成したとしても、それが検索クエリの意図にマッチしていなければ、Googleには評価されません。検索クエリの意図を理解し、クエリの需要（検索回数）を調査したうえで、質の高いコンテンツを作成しましょう。

▼位置情報にもとづいた検索結果の例

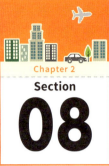

Chapter 2
Section 08

Keyword >> SERP / 強調スニペット / スニペット / ファーストビュー

SEOを理解するための検索結果ページの見方

Googleの検索結果ページは、広告部分とオーガニック（自然検索）部分とに分けられています。また、「強調スニペット」や「ニュース」が表示される場合もあります。ここでは、検索結果ページの見方について解説します。

 ## Googleの検索結果に表示される要素

　Googleの検索結果ページのことを「SERP」（Search Engine Result Page）、またはページが複数あるので「SERPs」ともいいます。下の画面は、パソコンで「SEO」と検索した場合のSERPです。

　この場合、一番上に「**強調スニペット**」が表示されています。強調スニペットは、ユーザーが用語などの意味を調べる意図で検索した場合に、SERP上で回答が表示される機能です。次に、オーガニック検索の結果が表示され、一番下にリスティング広告が表示されています。さらに下には検索キーワードの候補が表示され、フッター部分には位置情報も表示されます。

▼Google検索結果の表示要素

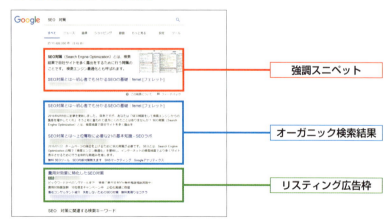

さらに細かく、オーガニック検索枠を見ていきましょう。一つひとつの結果はそれぞれ、タイトル（青色）、URL（緑色）、スニペット（黒）の3つの要素で構成されています。「**スニペット**」とは、Webページの紹介文のことです。検索結果の表示スタイルは、コンテンツによって異なります。たとえば以下のブログ記事の検索結果では、URLの箇所に「パンくずリスト」（COLUMN参照）という階層構造が表示され、スニペット部分には日付も表示されています。

　パソコンとスマートフォンでは、タイトルやスニペットに含まれる文字数が異なります。**スマートフォンの場合には、SERPで1画面（ファーストビュー）におさまるコンテンツは、せいぜい1つか2つが限界です**。そのため、同じ1位という表示順位であっても、パソコンよりもスマートフォンのほうがクリック率が高い傾向があるという点も重要です。

▼スマートフォンとパソコンの検索結果表示の違い

COLUMN　パンくずリストとは？

「パンくずリスト」とは、自身が見ているWebページがWebサイトのどの位置にあるかを、階層順にツリー構造として（「>」などで区切って）表示するものです。道に迷わないように、パンくずを置いていくという話に由来します。

Chapter 2
Section 09

Keyword >> シグナル / アルゴリズム / コンテンツの質 / 被リンク

表示順位に関わる重要な3つのシグナル

Googleは、理想の検索エンジンを作るために日々、アルゴリズムの改良を行っています。ここでは、SEOで成果を生み出すために、Googleが検索順位を決めるうえで重視している要素を理解しておきましょう。

Googleの検索アルゴリズムと3つのシグナル

　Googleは、200以上のシグナルを利用して検索結果を表示しています。シグナルの中には、検索クエリの意図やページの信頼性、コンテンツの新鮮さ、位置情報などが含まれ、それぞれアルゴリズムによって評価方法が定められています。

　Googleは、ユーザーの利便性を考慮してこれらのアルゴリズムを日々改善しています。改善のスピードは非常に速く（1日平均1.47件のペースといわれています）、ユーザーのためにならない施策やスパム行為は、Googleの改善スピードの前には長続きしません。そのためWebサイトの運営者も、ユーザーに焦点を当てたサイトを作ることが大切です。

　Googleが利用しているシグナルの中でも、**もっとも重要なものが「リンク」と「コンテンツの評価」で、次いで「ランクブレインによる判断」が重要**だということが、明らかになっています。つまり、質の高いコンテンツを提供しているWebサイトや、多くの外部サイトから信頼されているWebサイトほど、上位に表示されるようになっています。ランクブレインについてはP.47で触れましたが、検索意図を理解し、意図にマッチしたコンテンツを表示する、AIによるアルゴリズムです。

　これらの要素を、ユーザーや検索エンジンを騙すために利用すると、P.39で解説した「パンダ」や「ペンギン」といったアルゴリズムによって、評価されないどころか評価が下がる可能性もあります。次のページでは、これらの重要なシグナルを踏まえた、Webサイト運営者が心がけるべき点について解説します。

検索クエリの意図にマッチしたコンテンツ

Googleは、検索クエリの意図を読み取り、ふさわしいWebページを検索結果の上位に表示します。

<u>**Webサイト運営者がユーザーの意図を考えたり調査したりして、ユーザーが満足するコンテンツを作成**</u>していくことが、SEOの成功につながります。

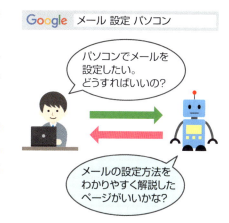

質の高いコンテンツ

Googleは、ライバルコンテンツとの質を比較し、よりふさわしいほうを優遇します。

<u>**ターゲットとするクエリで上位表示されている競合を調べ、競合よりも詳しく、わかりやすいコンテンツを作成**</u>することが大切です。

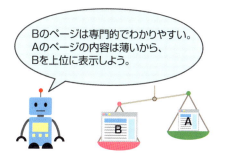

自然獲得の被リンク

<u>**ユーザーが満足するコンテンツは、リンクが集まりやすいため、被リンクを信頼性のシグナルとして利用しています**</u>。

質の高いコンテンツを作成することはもちろんですが、SNSなどを活用して作成したコンテンツを多くの人に届けましょう（P.228参照）。

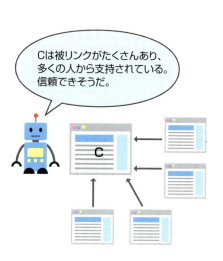

Chapter 2
Section 10

Keyword >> 閲覧履歴 / デバイス / モバイルフレンドリー / 検索場所

表示順位はユーザー環境によって異なる

検索するタイミングやデバイスの種類（パソコンorスマートフォン）、場所などによって、検索結果が異なることはすでに述べました。ここでは環境的な要因において、検索順位を確認する際に考慮すべき点について解説します。

閲覧履歴による影響

　Googleは、ユーザーの行動や文脈を理解したうえで検索結果を表示するため、すべての環境で同じ検索結果が表示されるわけではありません。頻繁に訪れるWebサイトは、そのユーザーが検索した場合のみ上位表示されることもあります。

　閲覧履歴が検索結果に影響するため、「自社のWebサイトがさまざまな検索クエリで上位表示されることに喜んでいたら、ほかのパソコンでは上位表示されていない」ということもよくあります。Googleが閲覧履歴や検索履歴を参考にして、よく見るWebサイトを上位表示させていただけに過ぎません。また、Googleにログインしている状態では、Google+でシェアした情報が上位に表示されることもあります。これでは、SEOの効果を正確に把握できません。

　そのような場合は、**ブラウザーの閲覧履歴の保存を無効化**しましょう。Microsoft Edgeでは、メニューから＜新しいInPrivateウィンドウ＞をクリックして、「InPrivateブラウズ」モードで検索します。Google Chromeでは、＜シークレットウィンドウを開く＞をクリックして「シークレット」モードで検索しましょう。

▼閲覧履歴を残さずに検索をする

Microsoft Edge InPrivateブラウズモード

Google Chrome シークレットモード

デバイスによる影響

　Googleは、2015年4月よりWebサイトがモバイルフレンドリーかどうかを、順位付けに使用することをアナウンスしています。「**モバイルフレンドリー**」とは、Webサイトがスマートフォンでも使いやすいように配慮されていることを意味します。スマートフォンで検索する場合には、Googleは"スマートフォンで使いやすい"と評価したWebサイトを優遇しています。パソコン版のWebページしかないWebサイトは、スマートフォン検索ではいくらか評価を落としてしまい、パソコンとモバイル検索において順位差が出てくるようになります。

　さらに、「モバイルファーストインデックス」（P.44参照）の状況によっては、パソコン検索の評価にも影響が生じるかもしれません。SEOだけでなく、ユーザーの利便性も重要視するのであれば、早い段階でスマートフォンユーザーを考慮したWebサイトへのリニューアルをおすすめします。

検索場所による影響

　検索結果は、端末のIPアドレスなどの情報をもとにして表示されます。そのため、クエリの内容や場所によっても、検索結果が異なります。たとえば東京と大阪で、「カフェ」というキーワードで検索したとします。**東京で検索すれば東京のカフェに関する結果、大阪ならば大阪のカフェが、検索結果に表示されます。**特定の地域と関連がありそうなクエリでは、このように位置情報の影響を受けやすい傾向があります。「税理士」や「美容室」なども似たような傾向があります。

▼検索結果が場所の影響を受ける例

東京の検索結果の例

大阪の検索結果の例

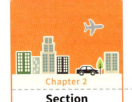

Chapter 2
Section 11

Keyword >> スパム / 手動による対策 / Search Console

Googleが考える スパム行為とペナルティ

Googleはスパムを発見すると、運営者に対して手動で対策を行います。Search Console（Chapter9参照）を利用していれば、手動による対策の通知が届きます。誤った手法を採用しないためにも、スパムについて最低限の知識は必要です。

 ## ペナルティ対象となるスパム行為

　スパム行為については、Googleの「ウェブマスター向けガイドライン（品質に関するガイドライン）」で、具体的な例を確認することができます。ここでは技術的な知識が必要なものを除き、いくつか紹介します。

自動的に生成されたコンテンツ
　複数のWebサイトの記事を無断で組み合わせたコンテンツや、機械翻訳されたコンテンツ、機械的に作成された意味不明なコンテンツなどのことです。このようなプログラムを販売している業者もあります。

リンクプログラム
　今でも見かけるスパム手法で、SEO目的の不自然なリンクのことです。Googleでは、金銭によるリンク売買やリンクに対価を支払う行為は禁止されています。相互リンクやリンク交換も、過剰であればペナルティの対象となります。

隠しテキストと隠しリンク
　白背景に白文字のキーワードを羅列したり、フォントサイズを「0」にしてキーワードを散りばめたりしてキーワードを増やす、古くからある手法です。

誘導ページ
　各地域と業種を組み合わせたクエリで上位表示させるために、同じ内容のページを地名だけ変えて地域ごとに作成する手法です。

キーワードの乱用・詰め込み
　キーワードを繰り返し使用したり、不自然に乱用したりする手法です。

ペナルティを受けることによる損失

　Googleは2種類の方法で、スパムに対応しています。一つはアルゴリズムによる対策で、もう一つは手動による対策です。アルゴリズムによる対策では、プログラムによって自動でスパムを検知し、評価を下げたり、無効化するなどの対応を行います。一方で手動による対策では、Googleのスタッフによって評価を下げられるケースや、インデックスから削除されるケースもあります。スパムの発見は、第三者からのスパムレポート（ユーザーによるスパムの報告）がきっかけになる場合もあります。

　Googleの公開しているデータによると、手動による対策が450,000件を超える月が、1年間に少なくとも3回はあり、かなりの件数になることがわかります。自分のWebサイトが手動による対策の対象になった場合、Googleが無料で提供しているSearch Consoleというツールを設定していれば、通知されます（Search Consoleの使用方法はChapter 9にて解説）。**手動による対策が見つかった場合には、指摘された問題や疑わしい部分をすべて修正したうえで、Googleに再審査リクエストを送る必要があります**。その後、Googleのスタッフによって修正が確認されれば、手動による対策は解除されます。ただし、リンクプログラムの場合は、業者に対してリンクの削除要請を行うケースや、リンク元のサイト運営者にリンクを削除するように要請が必要なケースなど、自身で修正できず長期化することもあります。

　スパムを行うと、今まで苦労して蓄積した評価を失うことになり、評価をもとに戻すにもそれなりの労力が必要となります。ガイドラインを守って、正しい手法でSEOを行いましょう。

▼Googleによるペナルティへの対応

Chapter 2 Section 12

Keyword >> ナビゲーショナルクエリ / トランザクショナルクエリ / インフォメーショナルクエリ

検索クエリの種類と傾向を知り効果ある対策を！

検索クエリの意図を理解することで、ユーザーのニーズにマッチしたコンテンツを制作することができます。ここでは、クエリの種類とクエリに対応したコンテンツについて解説します。

 検索クエリは3つに分類できる

検索クエリは、ユーザーの意図によって「**ナビゲーショナルクエリ**」（特定のWebサイトを検索）、「**トランザクショナルクエリ**」（購入・行動のための検索）、「**インフォメーショナルクエリ**」（情報収集のための検索）の3種類に分類できます（2つの性質を持つクエリもあります）。

ナビゲーショナルクエリ

「Amazon」など**特定のWebサイトを探す目的のクエリ**です。商品やWebコンテンツの利用者に自社サイトやブランド名を覚えてもらいファンが増えれば、ナビゲーショナルクエリで検索される機会も増えていくでしょう。

トランザクショナルクエリ

　商品購入やサービス申し込みなど、具体的な行動につながるクエリで、購入意欲の高いクエリとして分類されます。商品名やブランド名のほか、「Web制作費用」のようなクエリも含まれます。リスティング広告向きですが、商品カテゴリの見直しや独自視点による比較記事の作成など、SEOの施策も可能です。

インフォメーショナルクエリ

　たとえば「SEOとは？」のような、**情報収集段階で使用されるクエリで、SEOに適したクエリ**です。この段階のユーザーに、役に立つコンテンツを提供することで、信頼獲得や商品認知につなげていきます。

クエリに対応したコンテンツを準備する

　トランザクショナルクエリとインフォメーショナルクエリの意図を把握することで、適切なコンテンツを準備できるようになります。作成したWebページは、それぞれがユーザーと企業（お店）との接点になります。これらの点と点をユーザーの行動に合わせてつなげていき、自社商品のリピーターとなるように、線で考えて設計することで、必要なコンテンツがわかるようになります。

　たとえば、**ブログの解説記事が最初の接点となり、ブログのさまざまなコンテンツを通して信頼を獲得し、その過程で商品名やブランド名を覚えてもらいます**（インフォメーショナルクエリ）。そのようにして自社の商品やブランドに興味を持った何人かのユーザーは、その後ブランド名や商品名で検索し、商品を購入したりサービスに申し込んだりするかもしれません（トランザクショナルクエリ）。そして商品やサービスの品質、アフターケアなどの対応が優れていれば、よいイメージでブランド名を覚えてもらうことができ、後日のリピートにつながっていくでしょう（ナビゲーショナルクエリ）。

　この行動パターンは、検索エンジンのみに限定した場合の仮説です。実際には**ブラウザーの「お気に入り」機能からの再訪**や、**メルマガのリンクからの訪問**、**SNSによる訪問**など、さまざまな行動につながる可能性があります。SEOを商品やサービスの販売、ブランド向上に結びつけるために、ユーザーの行動を点ではなく線として考えて設計していきましょう。

▼ユーザーの行動パターンに沿ったコンテンツ設計

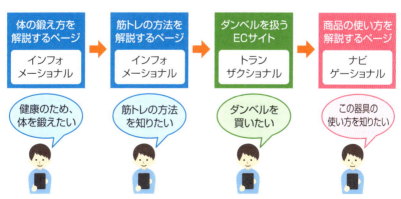

Chapter 2
Section 13

Keyword >> 情報収集 / ショッピング / ECサイト / ブランド

検索ユーザーが検索エンジンを利用する目的

情報を得るために利用されるツールやWebサイトは、検索エンジンだけではありません。買い物目的ではAmazonなどのショッピングモール上で検索し、何かの"お手本"を調べるときはYouTube上で動画を検索することもあります。

 ## Googleのライバルはamazon？

ユーザーが検索エンジンを利用する目的は、大きく「情報の収集」・「特定のWebサイトやブランドの検索」・「ショッピング」の3つに分けられます。

「ショッピング」目的での検索は、もっとも購買意欲が高く、短期的に利益につながるように思えます。しかし実際は、**ショッピング目的での検索は全検索回数の中の10%以下**です。インターネットを利用する人が、常にショッピング目的で利用しているわけではありません。また、ショッピング目的で検索する場合、AmazonなどのECサイト内で検索するケースのほうが多いかもしれません。実際、「GoogleのライバルはYahoo!やBingではなくAmazonで、買い物のときにはAmazonで検索する人が多い」と、Googleの会長自らも発言しています。

短期的な売上アップを狙うのであれば、SEOよりもリスティング広告のほうが適しています。検索エンジンは、「情報の収集」目的での利用が大半を占めています。そのためSEOは、ユーザーの信頼を獲得し、ブランド認知やブランドイメージの向上につなげていくために、効果的な方法であるといえます。

▼検索の目的を知り効果的なSEOを施す

Chapter

まずはこれだけは
やっておきたいSEOの常識

内部対策

Webサイトの構造やコンテンツに対して行うSEOの施策を、「内部対策」といいます。現在の内部対策では、「検索エンジンが理解しやすい」ことはもちろん、何より「ユーザーが使いやすい」ことが大切になっています。

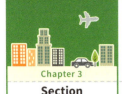

Chapter 3
Section 01

Keyword >> インデックス数 / キーワード数 / 文字数 / メタキーワード / 相互リンク

効果の上がらない古いSEOを一度捨てる

Googleの進化によって、キーワードの比率を調整するなどの古いSEO手法は通用しなくなっています。効果の上がらない対策に時間をかけるのではなく、ユーザーに価値を提供するための対策を行いましょう。

古いSEOとはどのようなものか？

「SEOに効果的」であるといわれる対策は数多く存在しますが、その中には効果のない対策や逆効果の対策、今では通用しない対策などもあり、玉石混交です。

インデックス数は多いほうがいい？

検索エンジンにインデックスされたWebページ数が多い（＝Webサイトの規模が大きい）ほうが、Googleの評価が高くなるということはありません。**文字数のみが多く内容の薄いページを量産しても、評価されません**。

キーワード出現率やキーワードバランスとは？

ひと昔前の検索エンジンでは、キーワードの数を調整することで順位が上がることもありました。特定のキーワードが何回も使用されているページは、"そのキーワードについて書かれた記事"だと判断されていたためです。しかし**現在の検索エンジンに対しては、そのような調整はほぼ無意味**となっています。

SEOに効果的な文字数とは？

「何文字以上（何文字程度）だと検索エンジンから評価される」といった、**文字数によるSEOの効果はありません**。文字数が多くても内容が薄ければ、当然評価されません。たとえ文字数が少ないコンテンツでも、ライバルコンテンツの質が低ければ上位に表示されることはあります。ポイントはコンテンツの質の高さであって、文字数の多さではありません。

メタキーワードは記述するべき？

意外に思うかもしれませんが、検索エンジン向けに記述するタグである**「メタキーワード」がSEOに影響しない**ことは、ベテランのWebサイト運営者の間では有名です。2009年にGoogleはメタキーワードを無視していることをアナウンスしています（https://webmasters.googleblog.com/2009/09/google-does-not-use-keywords-meta-tag.html）。

相互リンクは多ければ多いほうがいい？

「相互リンク」とは、Webサイトどうしでリンクを張り合うことです。以前は相互リンクによって被リンクを多く獲得することで、順位が向上することがありました。しかし現在では、**無関係なページから過剰にリンクを獲得すると、スパムに認定される可能性があります**（自身の管理するWebサイトどうしのリンクや、関連するサイトどうしのリンクであれば問題ありません）。

本節で挙げたような施策のために時間を使うのではなく、コンテンツの質を高めたり、Webサイトの使いやすさを改善したりといった、ユーザーのための対策に時間を割きましょう。Chapter 3では、初期に設定しておくべき項目やサイト公開時に確認しておくべきポイントについて、解説していきます。

▼相互リンクと自然な被リンクの違い

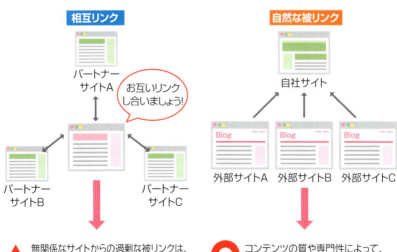

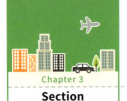

Keyword >> 独自ドメイン / 無料ホームページスペース / ドメイン名

Section 02 独自ドメインを取得する

Webサイトを新しく立ち上げる場合には、まずはドメインが必要となります。ビジネス用のWebサイトであれば、ユーザーに覚えてもらいやすく使いやすいドメインを選びましょう。ここでは独自ドメインのメリット、選定時の注意点について解説します。

無料ホームページスペースと独自ドメイン

検索エンジンは、URL単位およびドメイン単位でWebサイトの信頼性を評価しており、長期的にWebサイトを運営していくのであれば、独自ドメインが必須です。なぜなら、自身でドメインを決めて管理することにより、**そのドメインを所有している限り確実に評価を蓄積していける**からです。一方で、インターネットサービスプロバイダー（ISP）が提供する無料のホームページスペースを利用している場合は、注意が必要です。無料のホームページスペースの場合、共用スペース内で次のようなサブディレクトリやサブドメインが割り当てられます。

```
example.com/○○○/    ・・・サブディレクトリ  ┐ ドメインは共通
○○○.example.com/    ・・・サブドメイン      ┘ （example.com）
※○○○部分をユーザーごとに割り当てる
```

同じISPのホームページスペースを利用しているほかのユーザーがスパムを行った場合、ペナルティの巻き添えとなってしまうリスクがあります。また、URLを見れば無料のスペースを使用していることがわかるため、人によっては「信頼できないWebサイト」だと感じてしまうかもしれません。さらに、将来的にサービスが終了する可能性もあります。

ISPの無料ホームページスペースは、初期費用をあまりかけずに、試しにWebサイトを立ち上げたい場合や、Webサイト自体はとりあえず持っておきたい場合などは、利用してもよいでしょう。しかし、SEOを継続的に取り組むのであれば、まずは独自ドメインを取得しておきましょう。

ドメイン取得時に注意すべきポイント

　独自ドメインを取得する際には、少しでもSEOに効果的な名称にしたいと考える人もいるでしょう。**結論からいえば、ドメイン名自体がランキングに与える影響はほとんどないため、意識しすぎる必要はありません**。逆に意識しすぎることによる弊害のほうが、大きいかもしれません。

　ターゲットとするキーワードを含むドメインを取得することは、以前はSEOに少なからず影響する要素でした。たとえば「ボストン」や「寿司」というキーワードであれば、「boston-sushi.com」、「boston-japan-sushi.com」のようなものです。しかし現在では大きく影響することはないため、無理にキーワードを含める必要はありません。無理にキーワードを含めると、そのサイト本来のブランド名がぼやけてしまい、ユーザーから覚えてもらいにくくなってしまいます。

　実際、Google（www.google.co.jp）やFacebook（www.facebook.com）といった有名サイトのドメインには、キーワードは含まれていません。むしろ社名やブランド名をそのままドメインに使用したほうが、ユーザーに覚えてもらいやすくなります。

　また、以前はドメインに日本語を含めるとSEOの効果があるといわれていましたが、現在ではそれほど重要な要素ではありません。

▼ユーザーが覚えやすいドメイン名の例

ドメイン例1
店名が「○○家具店」の場合　➡　○○-kagu.com

ドメイン例2
サイト名が「○○解決ドットコム」の場合　➡　○○kaiketsu.com

COLUMN　トップレベルドメインは何を選ぶべきか？

「.com」や「.net」などのことを、トップレベルドメイン（TLD）といいます。Googleが、特定のTLDを優先して評価することはありません。一般的になじみのないTLDを選ぶと、覚えにくいかもしれないので、SEOを意識しすぎずに使いやすいTLDを選びましょう。

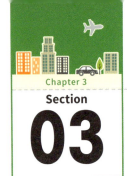

Chapter 3
Section 03

Keyword >> Search Console / Googleアカウント / FTPサーバー / FFFTP

Search Consoleを導入する

Webサイトを立ち上げたら、Search Consoleに登録しましょう。Search ConsoleはWebサイトの管理や分析ができる無料のツールで、SEOには欠かせません。詳細な活用方法はChapter 9で解説します。

WebサイトをSearch Consoleに登録する

　Search Consoleは、Googleが提供している無料の管理ツールです。何か問題が起きた際に原因を探る手掛かりになるほか、**サイトマップ（P.66参照）の登録や検索結果の分析などができ**、SEOを実施する際にはとても便利なツールです。なお、事前にGoogleアカウントを取得しておくようにしましょう。Search Consoleを利用するには、**Googleが指定するHTMLファイル**をWebサイトにアップロードする必要があります。以下にその手順を示します。

① 「https://www.google.com/webmasters/tools/home」にアクセスし、Googleアカウントでログインします。自身のWebサイトのURLを入力し 1、「プロパティを追加」をクリックします 2。

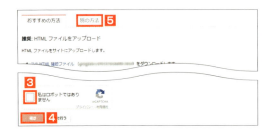

② ここでは「HTMLファイルをアップロード」を選択します。チェックを付けて 3、「確認」をクリックします 4。Jimdoの場合には、「別の方法」タブをクリックし 5「HTMLタグ」を選択しましょう。

64　※2017年8月時点でSearch Consoleのデザイン刷新が発表されており、レイアウトや機能は変更になる場合があります。

③ 発行されるHTMLファイルをダウンロードし、Webサイトのトップディレクトリ（フォルダのような保管場所）にFTPソフトなどでアップロードします（以下を参照）。

FTPサーバーへの接続方法とアップロード

FTPでサーバーに接続できる場合には、以下の設定方法がかんたんです。**Jimdoなどのサービスの場合には、大抵Search Console導入用の「HTMLタグ」を追加できる設定項目がある**ので、運営元に確認しましょう。ここでは、「FFFTP」を使用した場合の接続方法とアップロード方法を解説します。

① FFFTPを起動し、上部メニューの「接続」1→「接続」をクリックします。

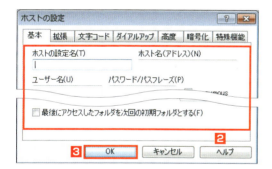

②「新規ホスト」をクリックして、ホスト名やパスワードなど、サーバー管理者から発行される情報を入力します2。「ホストの初期フォルダ」は、サーバーによって記述が必要な場合と必要ない場合があります。「OK」をクリックします3。

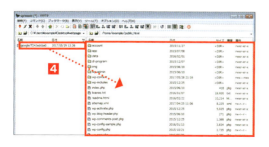

③ 設定したホストが表示されるので、選択して「接続」をクリックします。Search Consoleからパソコンにダウンロードしたファイルを、画面右側にドラッグアンドドロップします4。

④ 最後に、Search Console上の「確認」ボタンをクリックします。サーバーにFTPでアクセスできる場合には、この方法が確実です。

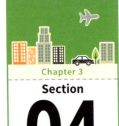

Chapter 3 Section 04

Keyword >> サイトマップ / クローラー / サイトマップ作成ツール

クローラーの巡回を促すサイトマップを作成する

P.42で解説したように、クローラーに効率的にWebサイトを巡回してもらうためには、「サイトマップ」の作成が効果的です。順位への直接的な影響はありませんが、検索結果に確実に表示させるために、作成しておきましょう。

サイトマップの役割

　Googleは、一般的にはリンクをたどってWebページを見つけますが、公開したてのWebサイトや複雑な構造を持つサイトなどでは、「**XMLサイトマップ**」を作成すれば、より効率的にクロールさせることができます。XMLサイトマップは通常「**sitemap.xml**」というファイルを作成し、以下のような書式で情報を記述します。

▼XMLサイトマップのサンプル

```
<?xml version="1.0" encoding="UTF-8"?>　──XML宣言
<urlset xmlns="http://www.sitemaps.org/schemas/sitemap/0.9">
<url>
<loc>http://www.example.com/</loc>──────ページのURL
<lastmod>2017-04-04</lastmod>──────────ファイルの最終更新日
<changefreq>monthly</changefreq>────────更新頻度
<priority>0.6</priority>────────────────サイト内における優先度
</url>
</urlset>
```

　1行目は「XML宣言」といい、xmlのバージョンと文書内で使用している文字コード「UTF8」を宣言します。現在のXMLのバージョンは1.0です。2行目の<urlset>は必須項目です。以下のように<urlset> タグで始め、複数のタグを囲み、</urlset> タグで閉じます。「xmlns=""」の中には、現在のプロトコル標準を参照します。これは決まりのようなものです。

```
<urlset xmlns="http://www.sitemaps.org/schemas/sitemap/0.9">
```

3行目の**<url>**も必須タグで、4行目以降で使用するloc（URL）、lastmod（最終更新日）、changefreq（更新頻度）、priority（優先度）を指定し</url>で閉じます。4行目の**<loc>**も必須タグで、ページのURLを記述します（http、httpsなどのプロトコルから始め、末尾にスラッシュを含める必要があります）。「www」あり、なしも統一しておきましょう。

　5行目の**<lastmod>**は任意項目ですが、正確に最終更新日を記述すると、更新日が最新のページは優先的にクロールされます。この日付は、W3C Datetime形式で記述します（サンプルのように時刻の部分を省略してYYYY-MM-DDの形式で記述することも可）。6行目の**<changefreq>**も任意項目で、更新頻度を「always」や「hourly」などで指定しますが、情報が不正確な場合はクローラーに無視されます。7行目の**<priority>**も任意の設定項目で、0.0～1.0の値でインデックスの優先度を指定（指定なしだと0.5）できますが、Googleの場合はpriorityを無視しているようです。

便利なサイトマップ作成ツール

　ここで解説したような内容を完璧に理解していなくても、サイトマップ作成ツールを利用すれば、誰でもXMLサイトマップを作成できます。

　WordPressを利用している場合には、**「Google XML Sitemaps」**はよく利用されているプラグインです。まだ利用していない場合には、インストールして有効化しておきましょう。通常はドメイン直下に「sitemap.xml」というファイルが生成され、ページ追加や更新時に自動的にサイトマップが更新されます。

　Jimdoの場合には、**ドメイン直下に自動でXMLサイトマップが生成される**ため、サイトマップを作成するのに特別な設定は不要です。

　上記のような方法が利用できない場合には、**「sitemap.xml Editor」**（http://www.sitemapxml.jp/）など、XMLサイトマップを無料生成できるサービスを試してみましょう。ほかにも、有料とはなりますが、パソコン用のソフトウェアでもXMLサイトマップを自動で生成してくれるツールもあります。

　生成されたsitemap.xmlは、FTP接続でWebサイトのトップページと同じ階層にアップロードしましょう。アップロードが正常に行えれば、次はSearch Consoleにサイトマップを登録します。

Chapter 3
Section 05

Keyword >> サイトマップ / Search Console / インデックス

サイトマップを Search Consoleに登録する

XMLサイトマップを作成してトップページと同じディレクトリに配置したら、サイトマップをSearch Consoleに登録します。サイトマップ自体のエラーや、Googleに送信されたページ数、インデックス登録されたページ数などを確認することができます。

sitemap.xmlをSearch Consoleに登録する

ここでは、Sec.04で作成したサイトマップを、Search Consoleに登録する手順について解説します。

① Search Consoleにログインして、サイトマップを作成したWebサイトを選択します。
左メニューの「クロール」をクリックし 1、以下に表示されるメニューから「サイトマップ」をクリックします 2。「サイトマップの追加/テスト」と書かれている赤いボタンをクリックします 3。

② サイトマップファイルのURL（通常はsitemap.xml）を記述し 4、「テスト」をクリックします 5。

③「テストが完了しました。」と表示されたら「テスト結果の表示」をクリックします。
「エラーは見つかりませんでした。」と表示されていれば問題ありません6。「テストを閉じる」をクリックします7。

④ もう一度「サイトマップの追加/テスト」をクリックし、サイトマップファイルのURLを指定して8、「送信」をクリックします9。「アイテムを送信しました。」と表示されるので、「ページを更新する」をクリックします。

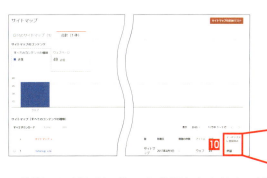

⑤ 問題がなければ、図のように表示されます。「インデックスに登録済み」の項目は「保留」となっていますが10、すぐに処理されるわけではありませんので1日ほど待ちましょう。

　検索エンジンは、GoogleのほかにもYahoo!やBingなどもありますが、Yahoo!はGoogleのシステムを採用しているため、とくに追加で設定する必要はありません。Bingについては、「Bing web マスターツール」（http://www.bing.com/toolbox/webmaster/）があるので、そこで同様の設定を行いましょう。**ページの更新や記事の追加を行う際には、アップロードしたサイトマップファイルも更新する必要があります**が、この登録作業は一度行えば充分です。

Chapter 3
Section 06

Keyword >> Googleマイビジネス / ローカルSEO / Googleマップ

Googleマイビジネスで ローカルSEOを強化する

Googleマイビジネスに登録すれば、ユーザーにWebサイトを見つけてもらう機会が増えます。とくに飲食店や歯医者、美容室などのような店舗ビジネスの場合には、特定の場所でお店を探しているユーザーの来店や問い合わせにつながります。

 ## Googleマイビジネスで特定地域の検索順位を改善する

　特定の地域内で店舗を探す検索クエリの場合、検索している端末の位置情報を活用して検索結果が表示されます。たとえば横浜近辺で単に「歯医者」と検索すれば、横浜近辺の歯医者が表示されます。このような、地域に関連する表示順位を改善するための取り組みを、「**ローカルSEO**」といいます。

　店舗から近いエリアで検索しても検索結果に表示されない場合には、**「Googleマイビジネス」へ情報を登録することで、ローカル検索結果に表示される機会を増やすことができます**。Googleマイビジネスは、企業や店舗などの情報を管理できる無料ツールで、Google検索やGoogleマップ上に情報が掲載されます。

　ローカル検索の表示順位に影響する要素は、Googleマイビジネスのヘルプページ（https://support.google.com/business/answer/7091/）に掲載されており、「関連性」・「距離」・「知名度」の3つの要素が考慮されています。「関連性」とは、検索クエリとの関連性のことで、充実したビジネス情報を掲載すると、ビジネスについてのより的確な情報が提供されるため、検索クエリとの関連性を高めることができます。「距離」とは、場所を指定した検索クエリ（たとえば「浅草 蕎麦」）の場合には、その地域から近い店舗が優遇され、検索クエリに場所が含まれていない場合は、ユーザーの現在地情報にもとづいてその場所から近い店舗が優遇されます。「知名度」とは、どれだけ一般的に認知されているかのことで、Web上でのリンクや記事なども知名度として考慮されます。また、Googleでのクチコミ数とスコアも評価に影響するようです。

Googleマイビジネスのメリット

近くの店を検索する場合や特定の場所で店舗を探す場合、右の画面のように**検索結果にGoogleマップの情報が表示されます**。この画面では、「カフェ」と検索しているため、検索場所から近いカフェの位置がGoogleマップ上に表示されます。

▼Googleマップ付きの検索結果

近くの「カフェ」の位置が表示される

このようなローカル検索では、Googleマイビジネスに登録することで、検索結果に表示される機会を増やすことができます。登録すると、社名やブランド名で検索された場合に、**Google検索やGoogleマップ上で住所や電話番号、営業時間、WebサイトのURLなどの情報が表示される**ようになります。

▼Googleマイビジネスの情報

また、特定の地域の情報を探すクエリの場合には、Google検索上やGoogleマップ上に、登録した情報が表示されるようになります。

このように、Googleマイビジネスに登録しておけば、検索ユーザーとの接点増加につながります。**店舗ビジネスや地域を限定するサービスを行っている場合には、必ず登録しておきましょう。**

▼特定地域の検索結果

Chapter 3
Section 07

Keyword >> Googleマイビジネス ／ 確認コード ／ ビジネス名 ／ 住所

Googleマイビジネスに登録する

ここでは、Googleマイビジネスへの登録方法を解説します。手続きの途中で、オーナー本人の確認のために、Googleから確認コードが記載されたハガキが郵送されます。考慮すべき要素や、登録時の注意点についても解説します。

Googleマイビジネスに登録する

　Googleマイビジネスに登録するには、ほとんどの場合はハガキによる確認コードの郵送手続きが必要となります。店舗や会社内に郵便受けがない場合は通常の手順で登録できません。その場合は、Googleに問い合わせてみましょう。

　登録する情報を入力する際は、Webサイトの表記と揃えるようにしましょう。「ビジネスの名前」には社名や店舗名を入力しますが、「株式会社」のあり／なし、平仮名／カタカナ／英文字などの表記を揃えます。住所を入力する際には、「○丁目○番地○」と書くのか「○-○-○」と書くのか、建物名のあり／なしなども揃えるようにします。全角、半角についても統一しておくことをおすすめします。

① 「https://www.google.co.jp/business/」にアクセスし、Googleアカウントでログインします。画面左側の入力欄に、情報を入力します❶。ビジネス名や住所の表記は、Webサイトの表記と揃えましょう。
カテゴリは自由に設定できないため、選択できる業種を入力します。カテゴリに自身の業種がない場合には、一番近いものを選択しましょう。

② 「出張型の商品配達やサービス提供を行っている」は、物理的な店舗からサービスを提供しているのであれば「いいえ」を、出張配達によるサービス提供の場合は「はい」を選択し 2 、「続行」をクリックします 3 。

③ 一致するビジネスの候補が表示されます。自身のビジネスであればそれをクリックし、そうでなければ「入力した情報を使用します」を選択します。内容を確認し「このビジネスを管理する権限を持っており、利用規約に同意します」にチェックを付け 4 、「続行」をクリックします 5 。

④ 確認コードの受け取り方法は、通常は郵送しか選べないので、「郵送」をクリックします 6 。数週間ほどで、確認コードが記載されたハガキが郵送されてきます。届いたら「https://www.google.co.jp/business/」にアクセスして「コードを入力」をクリックし、コードを入力すれば、設定完了です。

登録完了後、すぐにはGoogleの検索結果画面に表示されないので、1日程度待ちましょう。なお、**飲食店の場合にはメニューページへのリンクも掲載できる**ようになっているので、スマートフォンで手軽に閲覧できるメニューページは便利です。メニューが変更された際も、忘れずに更新するようにしましょう。

Chapter 3
Section 08

Keyword >> テキスト / 画像 / FAQ / 解説ブログ / メインコンテンツ

コンテンツはテキストを重視する

テキストのない画像のみのWebページは、検索エンジンには"読みにくい"ページと判断されます。Googleのクローラーは、画像自体が何を意味するかまでは判別できません。そのため、Googleはテキストの情報を重要視しています。

 ## Googleはテキストを重視している

　Googleは、画像よりもテキストを重要視しています。なぜなら、テキスト情報はさまざまな環境で利用しやすいからです。たとえば、視覚障害者がスクリーンリーダー（テキスト情報を読み上げるソフトウェア）を使用する際に、画像化されたテキストはそのままでは読み上げられません（alt属性を読み上げます）。

　また、ユーザーの通信環境も考慮しなければなりません。通信環境が悪い場合は画像が表示されるまでに時間がかかり、ユーザーにとってストレスとなります。**テキストは画像よりもデータとして軽いため、早く表示されます**。ページの表示速度は、ユーザーが快適にWebサイトを利用する際の、重要な指標となります。

　もう1つの利点は、**一文を手軽にコピーして、SNSやメールなどで貼り付けやすい**という点です。このように、ユーザーの利用環境について考慮された、便利で使いやすいWebサイトは、Googleからの評価が高くなります。ちなみに、Flashを使用したページはiPhoneで閲覧できないため、ユーザーにとって利便性の低いページとなり、モバイル検索における評価が下がってしまいます。

▼画像よりもテキストが重視される理由

74

テキストを充実させるためのアイデア

　飲食店や結婚式場などのWebサイトでは、装飾したテキストを画像加工して使用していることがあります。効果的に訴求できているのであれば問題ありませんが、検索エンジンは画像の内容を理解できないため、SEOを考慮するのであれば、テキストを上手に活用しましょう。デザインをなるべく崩さずにテキストを利用したい場合は、「**Webフォントの活用**」がおすすめです。日本語のフォントは、Googleから「Noto Fonts」（https://www.google.com/get/noto/）という名称で公開されており、ダウンロードして利用することができます。

　「**FAQやマニュアルページの活用**」も有効です。商品やサービス紹介ページのような売り込みのページだけでは、情報が不足しがちです。検討中のユーザーは、その商品（サービス）の使い方や評判、サポート体制、改善の頻度といった情報も必要としています。商品やサービスに関するFAQやマニュアルがすでにあれば、それらを編集して、ユーザーがいつでも確認できるようにしておきましょう。

　また、専門的な技術や知識があれば、「**解説ブログ**」を運営するとよいでしょう。検索ユーザーが疑問に思うような事柄を解決するイメージで、コンテンツを作成していきます。ただし、これは誰にでもできる方法ではありせん。記事数ばかり気にして、2〜3行程度で当たり前のことを説明する用語解説ページを大量に作成した結果、まったく効果が出なかったり、第三者の記事をコピーしてつなぎ合わせたコンテンツを作成したりして、大炎上したケースもあります。その分野の専門家として、本気でユーザーの疑問を解決する姿勢が必要となります。

　テキストの充実とは、単に文字数が多ければよいという意味ではありません。Googleはページ内のコンテンツを見分けていて、たとえばヘッダー、サイドメニュー、フッター部分に関しては、共通のコンテンツとして認識されます。テキスト量を多くするために、これらの部分のテキストを増やしても、あまり評価されません。ヘッダー部分以下のメインコンテンツの内容がもっとも重視されます。

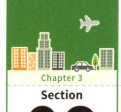

Chapter 3
Section 09

Keyword >> noindex / インデックスの拒否 / robotsメタタグ

誤ってnoindexを設定していないか確認する

「noindex」メタタグは、検索エンジンによるインデックスを拒否するためのタグです。誤って設定してしまうと、検索結果画面でまったく表示されなくなるという、思わぬトラブルを引き起こすことがあります。

noindexメタタグの設定を解除する

「noindex」メタタグは、検索エンジンにインデックスされたくないときに使用します。検索されたくないWebページがあった場合に、HTMLソースコードの<head>内に、次のようにnoindexメタタグを記述します。

```
<meta name="robots" content="noindex">
```

この記述があるページは、検索結果に表示されません。なかなか検索結果に表示されないときは、ソースコードにこのような記述がないか確認しましょう。

Webサイト運営者の意思に関わらず、noindexが記述されている場合があります。たとえば、WordPressでnoindex設定の解除を忘れてしまう場合などです。一般的には、新規のWebサイトを公開する前の段階では、noindexメタタグを設定して、公開時にnoindexの設定を解除します。

WordPressでnoindexの設定を解除するには、管理画面から「設定」→「表示設定」の順にクリックして、「検索エンジンがサイトをインデックスしないようにする」のチェックを外し、「変更を保存」をクリックします（JimdoはP.77COLUMN参照）。

noindexを設定する際の注意点

以前は、内容の薄いページや不要なページがWebサイト上に多くある場合にnoindexを設定すると、ほかのページへの評価が高まるといった説がありました。しかし、個人的にはこの方法は危険だと考えています。なぜなら、**noindexはかなり強いリクエストになるため、設定のミスは致命的な結果を招きます**。そもそも内容の薄いページは改善すればよいのであり、本当に不要なページであれば、削除すればよいのです。Webページそのものは必要で、特別な理由で検索結果には表示させたくないページがある場合は、noindexを設定してもよいかもしれませんが、それ以外の場合では慎重に検討しましょう。

noindexのように検索エンジンに処理を指示する記述のことを**「robots」メタタグ**といいます。robotsメタタグには他にも次のようなものがあります。

noarchive
検索エンジンデータベースへの保存の拒否を指示するタグです。

`<meta name="robots" content="noarchive">`

none
インデックスとリンク先へのクロールの両方を拒否するタグです。

`<meta name="robots" content="none">`

nofollow
ページ上に配置されているリンクがクロールされないように指示するタグです。

`<meta name="robots" content="nofollow">`

 COLUMN　Jimdoのnoindex解除方法

JimdoFreeの場合は、アカウントを作成したばかりの頃はスパム対策でnoindexが設定され、何回かログインを繰り返すとnoindexは自然となくなるようです。JimdoBusinessの場合には、「管理メニュー」をクリックして「パフォーマンス」内の「SEO」に「高度な設定」という項目があります。「このページを検索エンジンに表示させない（noindex）」にチェックが付いているとインデックスを拒否してしまうため、このチェックが外れていることを確認しましょう。

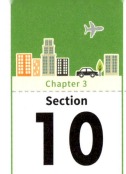

Chapter 3 Section 10

Keyword >> robots.txt / クローラー / robots.txt テスター

robots.txtで ミスがないか確認する

robots.txtとは、クローラーの巡回を指示するためのファイルです。正しい認識を持たずにrobots.txtを設定すると、評価を下げてしまうこともあります。使用方法を理解し、記述に間違いがないかどうかを確認しましょう。

 ## robots.txtの用途

robots.txtは、クローラーの巡回を制限するためのファイルなので、通常は設定する必要はありません。Webサイトの規模が大きく、クローラーの巡回自体がサーバーのパフォーマンスに影響している場合は、**robots.txtを設定することで巡回が不要なページを指定したり、特定のクローラーの巡回を制御したりすることができます**。robots.txtは、トップページと同じディレクトリにアップロードします。WordPressやJimdoでは、以下のように予め設定されています。

●WordPress

```
User-agent: *          ── すべてのクローラーが対象
Disallow: /wp-admin/   ── 巡回をブロック
Sitemap: http://www.example.com/sitemap.xml  ── サイトマップの位置
```

●Jimdo

```
User-agent: *                              ── すべてのクローラーが対象
Disallow: /app/                            ── 巡回をブロック
Allow: /app/module/webproduct/goto/
Allow: /app/download/                      ── 巡回を許可
Sitemap: https://example.jimdo.com/sitemap.xml  ── サイトマップの位置
```

「**User-agent:**」では、対象の検索エンジンのクローラーを指定します（「*」は、"すべてのクローラー"を指す）。「**Disallow:**」は、指定したURLへの巡回をブロックする指示で、巡回を許可する場合は「**Allow:**」を記述します。

robots.txtの記述を確認する

robots.txtのファイル自体はテキストファイルなので、中身はかんたんに確認できます。取得したドメインのすぐうしろにrobots.txtが設置されているかを、確認しましょう（例：example.comというドメインの場合のrobots.txtのURLは「example.com/robots.txt」）。

robots.txtの記述が正しいかどうかを確認するには、**Search Consoleの「robots.txt テスター」**が便利です。Search Consoleにログインし、「クロール」→「robots.txt テスター」の順にクリックします。主要なページのURLを入力して、「テスト」ボタンをクリックしましょう。robots.txtによってブロックされている場合は「ブロック済み」、巡回できる場合は「許可済み」と表示されます。間違っている場合は、この画面上で記述を修正しテストすることができます。編集が終わったら「送信」をクリックすれば、更新されたrobots.txtファイルをダウンロードできるので、手順に従ってファイルを差し替えます。

▼robots.txtテスターの使用方法

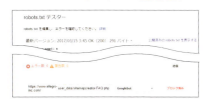 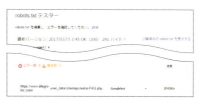

robots.txtでは、**「1つのページに対してnoindexと併用しない」**・**「JavaScriptやCSSをブロックしない」**の2点に注意しましょう。1つのページに対してnoindexとrobots.txtを併用すると、クローラーはそのページをたどれなくなり、noindexの記述を見つけることができません。

CSSファイル用のディレクトリごとブロックしてしまうと、クローラーがページの内容を正常に表示できない可能性があります。

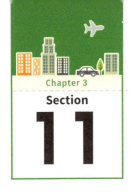

Chapter 3
Section 11

Keyword >> canonical属性 / URLの正規化 / 相対パス / 絶対パス

「canonical属性」の設定ミスを避ける

「wwww.example.com」と「example.com」のURLで、どちらも同じコンテンツが表示されていても、検索エンジンは別のコンテンツとして認識することがあります。「canonical属性」を正しく使うことで、評価を集約して統合することができます。

 ## canonical属性とは？

「canonical属性」（カノニカル属性）は、URL正規化のためのタグです。URLの正規化とは、同じコンテンツを表示する複数のURLのうち、1つを正式なURLとみなすよう検索エンジン向けに記述する方法です。たとえば以下のような場合、表示されるページの中身が同じでも、複数のURLが考えられます。

wwwの有無：www.allegro-inc.com ／ allegro-inc.com

パラメータの有無：www.allegro-inc.com/?ref=blog ／ www.allegro-inc.com（「?ref=blog」がパラメータ）

これらのURLは、Googleにとっては異なるページとして認識される場合があります。<u>canonical属性を使用することで、分散した評価を1つのURLに集約して統合することができます</u>。canonical属性は<head>内に、「<link rel="canonical" href="https://example.com/example.html（ここにURLを指定）"/>」のように、統一したいURLを指定して記述します。

▼canonicalで評価を1つのURLに

80

canonicalの設定ミスを確認する

　canonical属性の設定ミスで多いのは、Webサイト内のすべてのページで、次のように**トップページ**のURLを指定してしまっているケースです。なお、「example.com」はWebサイトのトップページと仮定します。

```
<link rel="canonical" href="https://example.com/">
```

　全ページの評価をトップページに集め、あらゆるキーワードでトップページが表示されるようにしたいと考え、すべてのページでトップページに向けてcanonical属性を記述している、誤ったケースを見かけることがあります。**canonical属性で指定するURLは、あくまで類似コンテンツまたは完全に同じコンテンツが表示されていなければなりません**。

　URLの指定方法には、「相対パス」と「絶対パス」の2種類があり、相対パスは現在の位置関係をもとにした指定方法で、「https://example.com/contact.html」のページから同じトップディレクトリにある「company.html」へリンクする際には、「<a href="/company.html">会社概要</a>」と記述します。絶対パスでは、「<a href="https://example.com/company.html">会社概要</a>」のように、「http://」や「https://」から始まるURLを記述します。canonical属性で指定するURLは両方とも正しく処理されますが、httpやhttpsを含めることのできる絶対パスが推奨されています。

```
<link rel="canonical" href="https://example.com/contact.html"> (絶対パス)
<link rel="canonical" href="/contact.html"> (相対パス)
```

　絶対パスを指定したつもりが、誤って「https://」を省いて「<link rel="canonical" href="example.com/contact.html">」と記述してしまうと、「https://example.com/**example.com/contact.html**」を意味する誤った相対パスとなります。誤ってcanonical属性で指定しても、Googleは記述を無視して処理しますが、そのまま処理されてしまう可能性もあります。重要なページのHTMLソースコードを確認して、canonical属性の指定が正しいかチェックしておきましょう。

Chapter 3
Section 12

Keyword >> ユーザー目線 / ユーザーの意図 / 売り手目線

ユーザー視点で情報を整理するにはブログが最適

インターネット上には、いくらでも情報を掲載でき、ユーザーも好きな時間に閲覧できます。情報をかんたんに探せる現在においては、できるだけ詳しい情報をWebサイトに公開し、ユーザーに選んでもらえるように工夫しなければなりません。

 ユーザーは必ずしも特定の商品について調べているわけではない

　　SEOでは、"ユーザーの知りたい情報は何か"を理解し、ユーザー目線でコンテンツを作成することが大切です。それが、検索エンジンの評価にもつながります。

　　たとえばユーザーが"重量の軽い運動靴"を探している場合は、「運動靴　軽い」などのクエリで、選定の役に立つ情報（商品比較や購入者のコメント、「利用者の視点による選び方」など）を探します。Googleはユーザーの意図を理解して、詳しく解説されているコンテンツが上位に表示されるように優遇します。

　　この段階では、ユーザーは特定のブランドのトップページや単一の商品などを調べているわけではありません。さまざまな情報を参考に、自分に合いそうなシューズを見つけたら、次にその商品について詳しく調べるために、型番やブランド名、メーカー名などで検索します。トップページや商品ページ、商品カテゴリ一覧ページなどは、どちらかといえばそのような特定商品での検索向きです。

　　「運動靴　軽い」というクエリでSEOを行うのであれば、トップページや商品ページなどではなく、選定のポイントを解説した記事や、各メーカーの商品を詳しく比較したコンテンツで対応しなくてはなりません。

売り手目線とユーザー目線

　検索クエリによって異なる、ユーザーの意図や売り手の視点、検索エンジンの評価を整理しましょう。たとえば、「運動靴　選び方」や「運動靴　安い（軽い）」といったクエリの場合、売り手目線で考えてしまうと、以下のようになります。

> 「自社商品の中で一番安価な運動靴をすすめよう」
> 「比較的軽い運動靴で、利益の高いものをすすめよう」

　このような、自社商品に偏った視点で作成されたページは、商品ページや広告用のランディングページ（広告をクリックした際に、最初に表示されるページ）での訴求に適しており、もともと購買意欲が高いユーザーであれば、速やかに購買に結びつけることができます。しかし、SEOでオーガニック検索枠の上位を獲得するためには適していません。上記の検索クエリの場合、ユーザーおよび検索エンジンの視点では、以下のような意図が考えられます。

ユーザーの意図

> 「自分に合った運動靴の選び方のポイントを知りたい」
> 「遊びで使うので、各メーカーのいちばん安いシューズから選んでみよう」
> 「部活用なので、パフォーマンスに優れた軽いシューズを探したい」

検索エンジン側の視点

> 「各メーカーの特徴を比較した解説ページは、ユーザーの手助けになる」
> 「各メーカーの商品を安い順に比較したページは、ユーザーの手助けになる」
> 「『軽さ』が特徴のシューズに関して、機能面を解説したページはユーザーの手助けになる」

　検索エンジンはユーザーの意図に合ったコンテンツを優遇するため、ユーザー視点で価値のある情報を提供しなければなりません。**売り手の視点で商品のメリットを伝え、購買へ誘導するページも必要ですが、オーガニック検索枠で上位を狙うには不向きです**。つまり、「運動靴　選び方」や「運動靴　安い（軽い）」などのクエリで上位に表示させるには、多くの商材を扱う大型店舗以外では、ブログを活用した解説や比較記事のほうが適しているといえます。

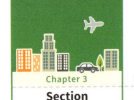

Chapter 3 Section **13**

Keyword >> 5W1H / 補足コンテンツ / 専門用語 / 関連キーワード / FAQページ

有益かつ詳しい情報でページを作成・改善する

Googleは、有益で情報が豊富なコンテンツを評価します。すでに作成したページでも、詳しい情報を掲載することで、集客を改善できる場合があります。5W1Hに沿ってコンテンツを作成していくと、自然に必要な情報を含めていくことができます。

 ## "5W1H"に沿ってコンテンツを見直す

ユーザーにとって有益で情報が豊富なコンテンツを作成するためのポイントは、**"5W1H"に沿った構成**にすることです。"5W1H"は、When（いつ）、Where（どこで）、Who（だれが）、What（なにを）、Why（なぜ）、How（どのように）のことで、わかりやすい情報を記載する際の基本となる考え方です。5W1Hに沿って、たとえば営業時間や発売日、店舗所在地、商品導入のメリットやその裏付けとなる証拠、活用方法などをチェックし、漏れていれば追記します。掲載できる情報の量に限界はないので、ユーザーが必要とする情報はできるだけ詳しく掲載するようにしましょう。

情報を追加する際には、**そのページ上で追記する方法**と、**別ページで補足コンテンツを作成してリンクで誘導する方法**があります。コンテンツの文脈上大きく逸脱しないのであれば、ページ上に追記して説明すればよいでしょう。追記する内容が本筋とは大きく逸脱してしまう場合などは、別ページで補足します。その場合には、既存コンテンツ上ではかんたんな説明に留め、別のページで詳しい説明を行い、既存コンテンツから別ページへリンクで誘導するとよいでしょう。

▼情報を別ページで補足する

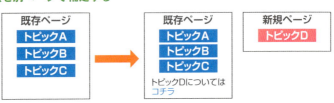

専門用語を使う場合はわかりやすく補足する

　専門的な機器を扱うメーカーなどでは、専門用語ばかりを使用しているWebサイトになってしまっているケースがあります。専門用語の使用自体は問題ありませんが、ターゲットのユーザーが見てすぐに理解できない内容や、わざわざ用語を調べなければならないWebページは、わかりにくいページです。用語の説明を追記するか、別ページで詳しく解説するようにしましょう。

　そのほか、**コンテンツで使用する用語は、なるべくユーザーが検索時に使用する言葉に合わせたほうが、検索されやすくなります**。Googleは、類義語や同義語などの辞書を内部で持っており、用語の意味を理解できるようになってきています。そのため、検索で使用される言葉が含まれていないWebページでも、検索結果に表示されることがあります。そうはいっても、用語を適切に認識できないケースもあるため、検索で使用される言葉を本文中に使用していくということはまだまだ重要です。**ユーザーがよく使う言葉を調べるには、Googleの検索結果画面の下部に表示される、「関連キーワード」を参考にしましょう**。

　Webサイトに掲載する情報は、販売に関するものだけで十分ということはありません。製品やサービスを購入したあとのアフターサービスやサポートについても、頻繁に質問される事柄については、FAQを詳しく掲載しておけば、ユーザーはいちいち電話で問い合わせるまでもなく、解決できるかもしれません。また、使い方におけるノウハウをユーザーに提供することで、購入者は満足し、知人に薦めてくれるかもしれません。コールセンターやメールで頻繁に届く問い合わせ内容については、このようなFAQページを作ってわかりやすく説明しておけば、企業にとっても、ユーザーにとっても便利なWebサイトとなります。

▼Googleの「関連キーワード」

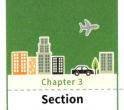

Chapter 3
Section 14

Keyword >> レイアウト / メインコンテンツ / 読みやすい文章

ユーザーにとって読みやすいページにする

いくら内容が素晴らしいコンテンツでも、文章が読みにくければ最後まで読んでもらえません。内容だけではなく、使いやすさや読みやすさなども配慮して、文章を作成しましょう。

 ## コンテンツのレイアウト

　ページにおいて、記事の見つけやすさ、読みやすさは、ユーザーの行動を大きく左右する要素です。まず、ページのレイアウトの際は、「メインコンテンツ」「補助コンテンツ」「広告コンテンツ」の3種類に分けて考えます。

　メインコンテンツは、本文が記載されている部分のことです。メインコンテンツの位置がすぐにわかる構成でなければ、ユーザーにとっては使いにくいページだといえるでしょう。一般的に、ファーストビューの範囲にメインコンテンツが表示されていないWebページは、ユーザーにとってわかりづらいページです。

　補助コンテンツとは、グローバルメニュー（Webサイト上部にある、各ページへのリンク）、サイドメニュー、パンくずメニュー（ユーザーがどのページにいるかを示す）などのナビゲーションメニューや、関連記事などが表示される範囲です。メニューに配置するリンクは、必要なリンクをすぐに見つけられるようにして、ユーザーの回遊を手助けすることが大切です。

　広告コンテンツは広告が表示される部分で、企業サイトでは広告を表示しない場合が多いでしょう。せっかくSEOで上位表示されても、メインコンテンツがわかりにくいと最後までコンテンツを見てもらえず、その後のユーザーのアクションにつながりません。

読みやすい文章の書き方

詳細な解説を掲載する場合、長い文章をそのまま掲載すると、以下のような読みにくいページになりがちです。

▼読みにくい文章の例

これは、成果に結びつきにくくシェアもされないWebページの典型です。**スマートフォンで表示した場合は、さらに読みづらくなるでしょう**。読みやすくするためには、以下のような点を配慮しておくとよいでしょう。

- 3行程度でひとかたまりの文章を心がける
- 読みやすい位置で改行し段落ごとに空間を作る（1行分の空間があってもよい）
- 重要なポイントが目立つように別の色や太字を使用する
- フォントは読みやすさを優先する　・文字と同系色の背景は避ける
- 文字の大きさは小さすぎないように気をつける（老眼の人には読みづらい）
- 見出しを上手に使う　・正しい日本語、文法を使う
- 文章だけで説明しにくいものは画像を使用する

▼改善後の文章例

 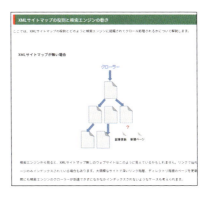

Chapter 3 Section 15

Keyword >> オリジナリティ / ガイドライン / ライバル

オリジナリティのある コンテンツを作成する

Googleは、コンテンツのオリジナリティを評価します。コンテンツ作成は手間がかかる作業ですが、面倒だからといってコンテンツをコピーすることはガイドライン違反となります。ここでは、オリジナルの記事を書くコツを紹介します。

無断複製されたコンテンツはガイドライン違反

コンテンツ作成では、専門知識と作業時間が必要です。低コストで時間もかけずに、表示順位やPVなどの成果指標のみを追いかけていると、外部コンテンツをコピーしたり、複数の外部コンテンツの一部を言い換えてつなぎ合わせたりといった、グレー（スパムに近い）な施策を考えがちです。実際、複数のライターに安い費用で大量に記事を依頼し、検索結果の上位を独占した企業もありましたが、著作権やモラルなどの問題で大炎上し、サイトが閉鎖に追い込まれました。

Googleのガイドライン（https://support.google.com/webmasters/answer/2721312/）によると、以下のようなコンテンツは、違反にあたります。

- ・他サイトのコンテンツを、新たな付加価値を加えずに転載すること
- ・他サイトのコンテンツを、語句の変更程度の修正をしたうえで転載すること
- ・他サイトのコンテンツを、自動化された手法によって修正し転載すること
- ・独自の体系付けや新たな価値（利便性）を加えることなく、他サイトのコンテンツフィードを掲載すること
- ・新たな付加価値を加えずに、他サイトの動画や画像などのメディアを埋め込んだだけのサイト

著作権に関する問題もあり、このような施策は後々大きなトラブルへと発展します。**"楽してランキングの上位を独占できる"といった、魔法のような方法はありません**。ユーザーに価値をもたらすオリジナルのコンテンツを、地道に作成していきましょう。

独自性を打ち出して差別化する

　SEOに取り組んでいる（または取り組もうとしている）のは、自分だけではありません。同じ業種で、SEOに取り組んでいる企業があるかもしれませんし、"検索上のライバル"は同業に限りません。

　たとえば、Web作成に関するクエリで検索してみると、検索結果には「Web制作会社」、「コンサルティング会社」、「Webサービスのツールベンダー」など、各々専門的な立ち位置で書かれたコンテンツを見つけることができます。このように、1つのテーマに関して、さまざまな観点から書かれたコンテンツが多くある現状では、漠然とコンテンツを作成しただけでは、ほかのサイトと似通ってしまいます。**Googleは、誰でも知っているような当たり前の情報はもとより、ほかのWebサイトのコンテンツと類似するようなコンテンツを評価しません**。

　オリジナリティの高い記事を書くため、ライバルが多い分野では事前に調査を行いましょう。ライバルがどのようなトピックを扱っているかを、以下の手順で詳しく調べてみましょう。

1. 自身が上位表示を狙いたいクエリで検索してみる
2. 上位表示されているページのうち5～10位までを目安に、ページの内容を実際に読んでみる
3. 各ページに書かれているトピックを箇条書きにしていく

　ライバルが扱っているトピックを、扱ってはいけないというわけではありませんが、ライバルのコンテンツと似通ってしまえば、Googleからは評価されないでしょう。その意味では、他サイトが扱っていないトピックを含めることは、非常に重要です。**そのトピックが自社の専門性とマッチしていれば、かんたんに他社が真似できない、オリジナリティのあるコンテンツとなります**。

▼オリジナリティのあるコンテンツを作成する

Chapter 3　Section 16

Keyword >> コンテンツの鮮度 / 更新 / 日付 / URL

コンテンツの情報は常に最新に保つ

Facebookなどで知り合いがシェアした記事が最新の情報だと信じ込み、あとでそのページの情報が古くてがっかりしてしまうことがあります。Google検索においては、クエリの種類によって情報の鮮度が評価されるしくみとなっています。

Googleはコンテンツの鮮度も評価する

"最新の情報を知りたい"という意図が強いクエリでは、「**情報の新鮮さ**」を加味してふさわしいページが、検索結果の上位に表示されます。たとえば最新のニュースや開催中のイベント情報を調べる場合などです。このようなタイプのクエリを想定したコンテンツは、定期的に最新の情報を含め、更新していきましょう。

下のグラフは、Googleのアルゴリズムに関する発表があった際に、筆者運営のSEOブログのコンテンツに、すばやく最新のトピックを含めた際のセッションの推移です。2016年9月23日にペンギンアップデート（P.39参照）に関する発表があったため、ペンギンアップデートに関してまとめている自身の記事に、最新の情報を追記しました。鮮度が重要視されるコンテンツがあれば、このようにして定期的に情報を更新しましょう。

▼最新情報の更新によるセッションの増加例

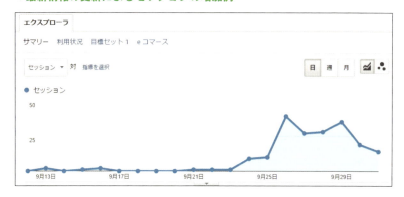

コンテンツを更新する際の注意点

　既存のコンテンツを、最新の情報を含めて更新する場合は「日付」と「URL」に注意が必要です。ブログ記事の場合は、日付を正しく管理しましょう。**大幅な内容の変更や新しい情報の追加を行った場合には、記事の更新日も最新にしましょう**（P.273参照）。ユーザーに対してもGoogleに対しても、いつの時点で更新された記事であるかを、正しく伝えることができます。

　また、更新したコンテンツをわざわざ新しいURL（新規ページ）で公開してしまうと、今まで蓄積されていた評価を捨ててしまうことになります。**既存のコンテンツの更新であれば、必ず今までのURLのままで更新しましょう。**

　鮮度が重要視されるコンテンツを、最新の情報を含めずに放置しておくと、以下のグラフのように集客が減っていくことがあります。このケースでは、Googleは最新の情報を含めた競合コンテンツを優遇し、放置しているコンテンツの情報は古いままのため、相対的に評価が入れ替わってしまったものと考えられます。

▼コンテンツ放置によるセッションの減少例

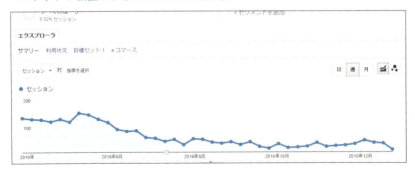

> **COLUMN　鮮度が重要視されないクエリ**
>
> すべてのクエリで、情報の鮮度が必要というわけではありません。ナビゲーショナルクエリ（P.56参照）や、時間とともに変化しないタイプの情報に関しては、情報の鮮度はそれほど影響しません。また、ページの中の複数のワードをランダムに変更したり、更新日だけを変えるような手法は通用しません。ユーザーにとって役立つ施策を心がけ、鮮度が重要なコンテンツの場合は、定期的に情報を更新しましょう。

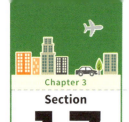

Chapter 3
Section 17

Keyword >> Googleアナリティクス / トラッキングコード / 訪問数 / 目標

Googleアナリティクスを導入する

Googleアナリティクスは、Googleが提供しているアクセス解析ツールで、ほとんどのWebサイトは無料で導入することができます。現状の課題や改善後の効果を確認するためにも、Googleアナリティクスを導入しておきましょう。

 ## Googleアナリティクスの設定手順

① Googleアナリティクス（https://www.google.com/intl/ja_jp/analytics/）にアクセスし、画面上部の「アカウントを作成」をクリックします❶。

② Googleアカウントでログインし、「お申し込み」ボタンをクリックします❷。

③ アカウント作成に必要な情報を入力し❸、「トラッキングIDを取得」ボタンをクリックします。
利用規約を確認し、「同意する」をクリックします。

④ トラッキングコード**4**が表示されるので、コピーしてWebサイトのすべてのページのソースコードに貼り付けます。
ブラウザーでWebサイトを表示させ、Googleアナリティクスの左メニュー内の「リアルタイム」→「概要」の順にクリックし、訪問数が正しくカウントされているかを確認します。

 COLUMN HTMLにトラッキングコードを貼り付ける

HTMLを直接編集してトラッキングコードを貼り付ける場合は、ヘッドタグ内の終了タグ「</head>」の直前に、トラッキングコードを貼り付けます。

目標を設定する

Googleアナリティクスでは、「目標」を設定することで、施策の効果を測定しやすくなります。目標には、「購入」や「申し込み」、「資料ダウンロード」などがあります。ここでは、入力フォームを活用した申し込みページを例に解説します。申し込みページは、入力が完了して送信ボタンをクリックしたあと、「送信完了ページ」が表示されるしくみになっているケースが多いかもしれません。その場合、**申し込みページと申し込み完了ページで別々のURLが存在します**。

① Googleアナリティクスの左メニューの「管理」をクリックし、ビュー列の「ビュー設定」をクリックします**1**。通貨の項目を「日本円」に設定し、「保存」をクリックします。

② ビュー列の「目標」をクリックし、「新しい目標」をクリックします❷。

③「テンプレート」をクリックし❸、ここでは「注文」を選択して❹、「続行」をクリックします。

④「名前」にはわかりやすい名前を任意で入力し❺、「タイプ」は「到達ページ」を選択して❻、「続行」をクリックします。

⑤「到達ページ」には、申し込み完了ページのURLを相対パスで入力し❼、オプションの「値」はオンにします❽。「金額」には、目標の金額的な価値を入力しておくとよいでしょう（例：申し込み金額が10,000円で成約率が50%であれば5,000円）。最後に、「保存」をクリックします❾。

Chapter 4

Webページ最適化の
ための施策

内部対策

ただ漠然とコンテンツを作成するだけでなく、検索エンジンやユーザーに内容を簡潔に伝える工夫も重要です。Chapter 4では、タイトルや見出しなど、SEOを意識したWebページ作成のポイントについて解説します。

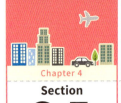

Chapter 4
Section 01

Keyword >> タイトルタグ / タイトル文 / キーワード

検索結果に表示される タイトルを考える

ページタイトルは、検索順位に直接的に影響し、修正がかんたんにできるタグです。Googleは、サイト内のページそれぞれに固有のタイトルを付けることを推奨しています。ポイントを理解して、魅力的なタイトル文を作成しましょう。

 ## タイトルタグの重要性

多くのユーザーは、検索結果画面の上位から順に、Webページを探します。このとき、クリックするかどうかの判断材料となるのが、**「タイトル」**、**「スニペット」**、**「URL」**です。場合によっては、「日付」などを目安にして、求める情報がありそうなページをクリックします。

タイトルやスニペットは、**自身でかんたんに最適化できる要素であり、ユーザーに直接アピールできる**ため、必ず設定しておきましょう。タイトルタグは、次のようにHTMLで<title></title>と記述し、その中にタイトル文を記入します。

<title>内部SEOと外部SEO ｜ アレグロのSEOブログ</title>

タイトルタグの記述は、基本的に検索結果にそのまま表示されます。ただし、タイトル文が短い場合や空白の場合、コンテンツの内容と異なる場合、クエリとの関連性がない場合には、Googleが自動で設定することもあります。下の検索結果画面では、タイトルタグでの記述に加えて社名が付け加えられています。

タイトル文作成時に考慮すべきポイント

　検索結果の画面上に表示されるタイトル文には、表示できる幅に制限があり、それを超えると下の画面のように省略されてしまいます。

　長過ぎてもダメですが、ユーザーや検索エンジンにとってはページの内容を判断する手がかりになるため、短過ぎるのもダメです。基本的には、**30文字程度を目安にして作成するとよいでしょう。**

　以前は、タイトルにキーワードを含めることで順位が大きく変化しました。現在では、それほど大きな影響はありませんが、それでも順位に直接影響する要素ではあるので、重要なページのタイトルでは意識したほうがよいでしょう。ただし、思いついたキーワードを片端から含めるような書き方をすると、単純なキーワードの羅列になってしまいます。そうではなく、コンテンツに含まれるトピックにマッチするキーワードのうち、優先度の高い2〜3ワードに絞ったうえで、魅力的なタイトル文（キーワード羅列ではなく、文章）を作成しましょう。ライバルのWebサイトよりも魅力的なタイトルを作成すれば、順位が若干劣っていても、同等以上の割合でクリックされることもあります（詳細はP.106〜107で解説）。

COLUMN　SEOを意識し過ぎると失敗も

タイトルを作成する際にSEOを考えることは大切ですが、SEOを意識し過ぎてページ内のコンテンツと一致しないタイトルを作成しないように注意しましょう。内容と関係ないタイトルを設定して仮に上位表示されたとしても、ユーザーは「目的の情報がない」とわかれば再び検索エンジンの画面に戻ってほかのページを見にいってしまうでしょう。狙いたいキーワードにマッチするコンテンツがない場合は、既存ページ上にコンテンツを追記するか、別ページでキーワードにマッチするコンテンツを作りましょう。

Chapter 4

Section 02

Keyword >> タイトルタグ / プラグイン / All in One SEO Pack

考えたタイトルを適用する（タイトルタグ）

ユーザーは検索結果に表示される情報から判断し、探している情報がありそうなページをクリックします。前節で作成したタイトル文を適用する方法は、利用しているWeb制作ツールによって異なります。ここでは、WordPressを例に解説します。

 ## プラグインを導入する

　タイトルの編集機能は、一般的なツールであれば標準で搭載されています。有料のツールを活用している場合には、メーカーのFAQページなどで編集方法を確認しておきましょう。HTMLファイルを直接編集している場合は、前節で説明した<title></title>の箇所を探して中身を編集します。ここでは、WordPress 4.7.4をベースに解説します。

　WordPressの場合、「**All in One SEO Pack**」のような、ページ個別にタイトルやメタディスクリプションを設定できるプラグインを活用しましょう。

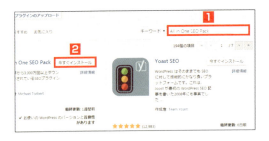

① WordPressにログインし、左メニューの「プラグイン」の「新規追加」をクリックします。
「All in One SEO Pack」と入力して、プラグインを検索します**1**。

② 「今すぐインストール」をクリックして**2**、All in One SEO Packをインストールします。
「有効化」をクリックします**3**。

タイトル文を適用する

WordPressに「All in One SEO Pack」を導入したら、以下の手順でタイトルタグを編集します。

① 投稿したブログ記事のタイトルを編集する場合は、左メニューの「投稿」をクリックします❶。固定ページの場合は、「固定ページ」をクリックしましょう。タイトルを編集したいページを選択し、編集画面で下方向にスクロールすると「All in One SEO Pack」の設定項目が表示されるので、適用したいタイトルを入力します❷。

② 入力後に画面右上に表示される「更新」をクリックすれば❸、入力したタイトルが適用されます。

SEOに取り組んでいるサイト運営者であれば、タイトルタグの最適化は必ず行っています。**ライバルと差をつけるためには、より本質的な取り組み、つまりコンテンツ品質の改善が重要です。**

Chapter 4
Section 03

Keyword >> スニペット / メタディスクリプション / 文字数

検索結果に表示される紹介文を考える

検索結果のスニペットには、「メタディスクリプション」(meta description)に記述している文章が表示されます。ここでは、メタディスクリプションの設定において考慮すべきポイントについて解説します。

 ## メタディスクリプションとは？

検索結果のスニペットには、基本的には「**メタディスクリプション**」に記述している文章が表示されます。ユーザーは検索結果ページの情報を見て、必要とする情報がありそうなWebページをクリックします。タイトルと同様、検索結果に表示される紹介文（スニペット）は、検索結果を見ているユーザーに対して直接アピールできる重要な要素です。

メタディスクリプションは、<meta name="description" content="紹介文"/>と記述し、そのページの内容を示す紹介文を簡潔に記述します。メタディスクリプションが空白の場合や、内容と異なる紹介文になっている場合には、Googleが自動で本文から抽出することもあります。

メタディスクリプション作成時に考慮すべきポイント

　メタディスクリプションはタイトルタグと異なり、直接表示順位に影響することはありません。しかし、ここに表示される内容次第でクリック率が変わります。**検索結果画面に表示されるスニペットは、クエリや利用するデバイスによって文字数が変化します**。パソコン検索の場合には、110文字以内を目安に文章を作成すると省略されにくいでしょう。モバイル検索の場合は５０文字前後ですが、場合によっては110文字以上でも省略されずに表示されることがあります。検索結果に表示される文字数は頻繁に変更されるため、あくまで目安として考えましょう。

　タイトルタグと同様、目的のクエリで上位のライバルサイトよりも魅力的なメタディスクリプションを作成することで、順位が劣っていても同等以上の割合でクリックされるように、改善することは可能です。タイトルとメタディスクリプションはセットで考え、ユーザーが見てページの内容がわかるように記述しておきましょう。具体的にはP.106～107で解説します。

▼パソコンとモバイルでの検索結果表示の違い

パソコンの検索結果

モバイルの検索結果

Chapter 4
Section 04

Keyword >> メタディスクリプション / All in One SEO Pack / クエリとの関連性

考えた紹介文を記述する（メタディスクリプション）

タイトルとメタディスクリプションはコンテンツ作成時に、ページごとに設定しましょう。メタディスクリプションの記述方法は、利用しているWeb制作ツールによって異なります。ここではWordPressを例に解説します。

メタディスクリプションに紹介文を記述する

タイトルタグと同様に、一般的なWeb制作ツールであれば、メタディスクリプションの編集機能が搭載されているはずです。活用しているツール提供元のWebサイトなどで、編集方法を確認しておきましょう。

HTMLファイルを直接編集している場合は、以下のように前節で説明したタグの記述箇所を探し、「content=""」内に記述しましょう。

```
<meta name="description" content="XMLサイトマップの自動生成、アップロード、検索エンジン通知を自動化できるWindows用サイトマップ生成ソフト。無料ツールとは異なりページ数無制限、サポート付き。1000ページ以上のウェブサイト運営者におすすめです。"/>
```

上記のタグがない場合は、<head>内にタグを追加しましょう。ここでは、WordPress 4.7.4をベースに解説します。**WordPressの場合には、「All in One SEO Pack」などのようなページ個別にタイトルやメタディスクリプションを設定できるプラグインを活用しましょう。**

 COLUMN メタキーワードは必要？

検索エンジン向けに記述するタグである「メタキーワード」（meta name="keywords"）は、Googleに関していえば考慮する必要がありません。ただし、ニュース用のメタキーワードはランキング要因となるため、ニュースメディアなどを運営している場合には考慮が必要です。

メタディスクリプションを適用する

P.98を参考に、WordPressに「All in One SEO Pack」を導入後、次の手順でメタディスクリプションを編集します。

① P.99を参考に、「All in One SEO Pack」の設定項目を表示して、「ディスクリプション」に考えた紹介文（110文字程度を目安）を入力します**1**。

適用された状態がプレビューされる

② 入力後、画面右上に表示される「更新」をクリックすれば、入力した紹介文がディスクリプションに適用されます。

設定したタイトルとメタディスクリプションは、すぐには検索結果に反映されません。次回Googleがクロールし、情報を取得したあとに反映されるようになります。なお、==クエリとの関連性がないディスクリプションの場合は、必ずしも記述した内容が検索結果に表示されるとは限りません==。

Chapter 4
Section 05

Keyword >> タイトル / メタディスクリプション / Search Console

タイトルやメタディスクリプションはページごとに記述する

タイトルとメタディスクリプションは、ページごとに設定しましょう。どちらも検索結果に表示される可能性があり、ユーザーはその情報をもとにアクセスするかどうかを判断します。

 ## タイトル、メタディスクリプションを記述する際の注意点

タイトルとメタディスクリプションについては、Webサイト全体でミスがないか、以下のような点を確認し該当する場合は修正しましょう。

- **タイトルが記述されていないページがある**
  タイトルタグ自体がない。またはタイトル文が空欄となっている
- **タイトルが重複しているページがある**
  複数のページでまったく同じタイトル文を使用している
- **タイトルが長い (短い)**
  タイトル文の文字数が多過ぎる (少な過ぎる)
- **メタディスクリプションが重複しているページがある**
  複数のページでまったく同じメタディスクリプションを記述している
- **メタディスクリプションが長い (短い)**
  メタディスクリプションの文字数が多過ぎる (少な過ぎる)

Webサイトの規模が小さければ、ページごとに異なるタイトルとメタディスクリプションが設定されているかどうか、確認して修正することは難しくないでしょう。しかし規模が大きいWebサイトの場合は、全ページのタイトルやメタディスクリプションを目視で確認するだけでも、膨大な時間がかかってしまいます。そのような場合は、Search Console (P.64参照) で定期的にチェックしましょう。**修正箇所が多い場合には、優先度の高い重要なページを重点的に修正することから始めましょう。**

Search Consoleで問題をチェックする

Search Consoleを活用すれば、Googleがクロール時に発見した、タイトルやメタディスクリプションに関する問題点を確認することができます。

① Search Consoleにログインし、Webサイトを選択します。
左メニューの「検索での見え方」をクリックし■、「HTMLの改善」をクリックします■。

② **何かしらの問題があると、左の画面のように該当ページ数が表示されます**。ページに何も問題がなければ「ページ」に「0」と表示されます。ここでは、「タイトルタグの重複」をクリックします■。

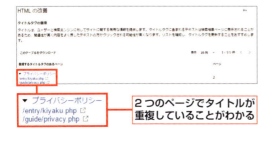

③ 問題箇所の詳細が表示されるので、そのページを修正しましょう。

Chapter 4 Section 06

Keyword >> タイトル / スニペット / 差別化

効果的なタイトル・紹介文の書き方

P.96 ～ 105では、魅力的なタイトル文と紹介文が重要だと述べました。ここでは実際に、表示順位が上位のWebページのタイトル、スニペットを見て、より魅力的な文章を考えていきましょう。

 ## ライバルのタイトルとメタディスクリプションを確認する

ユーザーは、検索結果の上位から順にページのタイトルやスニペットを見て、必要としている情報が書いてありそうなページを選んでクリックします。当然ですが、上位のページほどクリックされる確率が高くなります。しかし、仮に**ライバルよりも１～２位ほど順位が劣っていたとしても、タイトルやスニペットの情報に興味を持ってもらうことができれば、クリックされる確率は高まります**。重要なページに関しては、次のような手順で魅力的なタイトル、メタディスクリプションを設定するようにしましょう。

① まずは検索からの集客が多いページを、Search Consoleで調べます。Search Consoleにログインし、自分のWebサイトを選択します。左メニュー「検索トラフィック」内の **1**、「検索アナリティクス」をクリックします **2**。

② 「クリック数」と「表示回数」、「掲載順位」にチェックを付け **3**、「クエリ」ではなく「ページ」を選択して **4**、ページ別のデータに切り替えます。

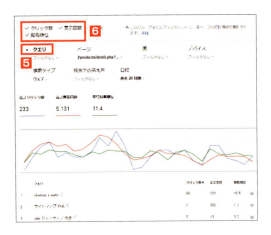

③ もっともクリック数の多いページをクリックし、「ページ」ではなく「クエリ」を選択し5、「クリック数」、「表示回数」、「掲載順位」にチェックを付けます6。すると、そのページで集客できたクエリ、または検索結果に表示された際のクエリを確認できます。

④「掲載順位」が10位以内で、表示回数が多いクエリを選び、ライバルよりも魅力的なタイトル、スニペットとなるように文章を考えましょう。そのためには、実際にそのクエリで検索してみるのが一番です（以下の画像はあくまで一例です）。

⑤ 差別化のポイントが見えたら、タイトルとメタディスクリプションを再検討しましょう。たとえば、他社のスニペットと差別化できるポイントとして「有料版も無料版も扱っている」という点が見つかった場合、以下のように修正します。

改善前

XMLサイトマップ作成ツールSitemap Creator おすすめ自動生成ソフト
https://www.allegro-inc.com/products/detail.php?product_id=31 ▼
¥4,000
Sitemap CreatorはXMLサイトマップの自動生成、アップロード、検索エンジンへの通知までの操作を自動化できるWindows用サイトマップ作成ソフトです。

改善後

XMLサイトマップ作成ツールSitemap Creator 有料版・無料版
https://www.allegro-inc.com/products/detail.php?product_id=31 ▼
¥4,000
XMLサイトマップの自動生成、アップロード、検索エンジン通知を自動化できるWindows用サイトマップ生成ソフト。無料ツールとは異なりページ数無制限、サポート付き。1000ページ以上のウェブサイト運営者におすすめです。

（ライバルと差別化できるポイントをアピール）

Chapter 4
Section 07

Keyword >> 見出し / h1タグ / キーワード

Webページの記事に見出しを記述する

わかりやすい見出しを設置すれば、ユーザーは探している情報をすばやく見つけることができ、見出しを見るだけでページの概要を知ることができます。ここでは、SEOにおける見出しの重要性と、考慮すべきポイントを解説します。

見出しで使用するhタグ

Webページ内には、右の図のように見出しを配置しましょう。もっとも重要な見出しには「h1」タグを使用し、見出しのレベルによって「h6」まで割り当てることができます。

HTMLでは、次のようにhと数字の組み合わせで記述します。

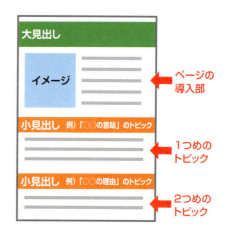

```
<h1>大見出しを記述</h1>
<h2>小見出しを記述</h2>
```

従来、複数のhタグによる階層構造（P.109参照）を含むコンテンツは、検索エンジンにとって理解しやすいサイト構造であり、表示順位で優遇されるといわれていました。現在では、hタグはコンテンツの文脈や構造を理解するために、少しだけ役立つ程度のようです。そのため、見出しが正しく使われていない場合でも、それが致命的な問題としてみなされることはなく、順位が下がるわけではありません。

見出しを付けるためにWebサイト全体のデザインを見直す必要はありませんが、かんたんに見出しを設定できるWeb作成ツールを使用している場合は、**SEOというよりも読みやすさの観点から、見出しを活用するとよい**でしょう。

見出しを設定する

　ここではWordPress 4.7.4を例に、見出しの設定方法を解説します。

　WordPressにログイン後、見出しを設定したいページの編集画面を表示します。「段落」と表示されているプルダウン箇所をクリックすると、右のように見出しを選択することができます。プルダウンが表示されていない場合には、▤（ツールバー切り替え）をクリックすると、表示されるようになります。

　見出しの設定自体は比較的かんたんです。見出しのデザインは利用しているテンプレートによって異なるため、デザインを修正するにはCSSとHTMLの知識が必要となります。基本的に、見出しが順位へ与える影響はほとんど気がつかないくらい軽微ですので、SEO目的でデザインを変更するほどではありません。

　以前は「見出しにキーワードを含めたほうがよい」、「複数のh1タグを使ってはいけない」などといわれていましたが、現在はあまり関係ありません。**読みやすく自然であれば、キーワードが含まれていても問題ありませんし、無理に含める必要もありません**。ユーザーや検索エンジンにとってわかりやすく読みやすい階層構造を、意識して使用するように心がけましょう。

▼階層構造を意識した見出し設定

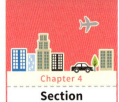

Chapter 4　Keyword >> 画像 / alt属性 / スクリーンリーダー

Section
08 画像にはalt属性を記述する

通信環境が悪い場合など、Webページの画像が表示されるまでに時間がかかる場合、「alt属性」で記述したテキストが画像の代わりに表示されます。Googleも、その画像自体が何であるかを判断するために、alt属性を利用しています。

alt属性の役割

　alt属性は「代替テキスト」とも呼ばれ、**画像が表示されるまでの間に、代わりに表示されるテキストを記述するためのタグです**。ユーザーは、さまざまな環境でWebサイトにアクセスすることが想定されますが、alt属性を記述しておくことで、以下のようなメリットがあります。

> ・スクリーンリーダーなどの読み上げソフトを使用する場合、マウスをその画像の上に乗せると、alt属性に入力したテキストが読み上げられる
>
> ・画像が表示されるまでに時間がかかる場合にも、画像が読み込まれるまでの間alt属性のテキストが表示される
>
> ・Googleなどの検索エンジンに、「何の画像か」を伝えることができる

　Webページに画像を掲載する場合は、alt属性に画像の中身を簡潔に説明するテキストを含めましょう。たとえば、「旭山動物園でペンギンが行進している写真」をWeb上に載せる場合、次のように記述します。

```
<img src="/penguin-koushin.png"
alt="旭山動物園で行進するペンギン"
title="旭山動物園で行進するペンギン">
```

alt属性で考慮すべきポイント

alt属性を正しく設定することで、検索エンジンにとっても理解しやすいWebページとなり、画像検索にもヒットする可能性が高まります。ただし、以下のような点に注意しましょう。

すべての画像にalt属性を含める必要はない

Webサイトのデザイン上で使用されているスペーサーや画像には、alt属性を使用する必要はありません。

無関係なキーワードを詰め込まない

alt属性に無関係なキーワードを詰め込むことは、ガイドライン違反に当たります。

簡潔に記述する

長い文章ではなく、簡潔に記述するようにしましょう。

ほとんどのWeb制作ツールには、alt属性の設定機能が搭載されています。

WordPressの場合は、左メニューの「メディア」をクリックし、「新規追加」をクリックして、画像をドラッグ＆ドロップします。表示される以下の画面の「代替テキスト」が、alt属性の記述箇所となります。ちなみに、「タイトル」にテキストを含めると、画像にマウスカーソルを合わせた際に吹き出しでテキストが表示されるため、alt属性とともに設定しておきましょう。

▼WordPressの設定画面

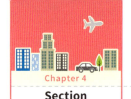

Chapter 4 Section 09

Keyword >> アンカーテキスト / リンク / コンテンツ

アンカーテキストを記述する

アンカーテキストとは、リンクが設定されたテキストのことです。適切にアンカーテキストリンクを設置すると、検索エンジンだけでなく、ユーザーに対してもリンク先ページの内容の理解を手助けする効果があります。

 ## アンカーテキストとは？

アンカーテキストとは以下のように、リンクが設定されたテキストのことです。

アンカーテキストには、リンク先のページを示す言葉を設定しましょう。

（リンクが設定されたテキスト）

アンカーテキストには、リンク先のページを示す言葉を設定しましょう。

アンカーテキストを設定するときは、クリックした先のページの内容がわかるように配慮して、簡潔なテキストを設定することが大切です。

Googleは、アンカーテキストのリンクを見て、リンクとコンテンツの関連性を把握し、信頼度を測る際のシグナルとして評価しています。「リンク」というと外部のWebサイトとのリンクをイメージしがちですが、同サイト内のコンテンツどうしのリンクも、検索順位に影響する要素です。

リンク先は正しいかな？

112

適切なアンカーテキストを設定する

自分のWebサイト内の被リンクは自分で修正できるため、次のような点を心がけてアンカーテキストを活用しましょう。

"リンク先ページが何であるか"がわかりやすいテキストを設置する

「こちら」、「次へ」などの曖昧な言葉にアンカーテキストリンクを設置すると、わかりにくいリンクとなってしまいます。

リンク先のコンテンツと無関係のテキストにリンクを設定しない

リンク先のページ内容と関係のないテキストに設置すると、ユーザーの利便性を損ねてしまいます。

長い文章にリンクを設置しない

アンカーテキストは、単語か短い文章に設置しましょう。SEOを意識し過ぎてキーワードを詰め込むようなことも避けましょう。

リンクであることがわかる書式にする

たとえば「青背景に青いリンクテキスト」では、ガイドラインで禁止されている隠しリンクのようになってしまいます。ユーザーが見て、一目でリンクだとわかる書式を設定しましょう。

サイドメニューやヘッダーメニューなどのナビゲーションメニュー（P.86参照）がテキストで編集できる場合は、使いやすいアンカーテキストとなるように配慮しましょう。テキストではなく画像の場合には、アンカーテキストの代わりにalt属性を編集することで、同様の効果が得られます。

Chapter 4
Section 10

Keyword >> HTML / CSS / 構文エラー / Fetch as Google

正しいHTMLは順位に影響する？

HTMLやCSSを正しく書くことは、SEOにおいてそこまで重要ではありません。実際、Googleは多少の構文ミスがあっても内容を理解できます。ユーザーの利用するブラウザー上でも、自動補正されてページが表示されます。

Googleのクローラーは誤ったHTMLでも理解する

　SEOでは、しばしば「検索エンジンの評価を上げるために、HTMLやCSSを正しく記述しましょう」といわれることがあります。実際に、「W3C Markup Validator」（https://validator.w3.org/）のような構文チェックツールでWebサイトを調べてみると、多くのエラーが表示されることがあります。確かにタグの記述が抜け、ページのレイアウトが崩れてしまった場合には表示順位に影響することはあるかもしれませんが、単純に**HTMLの記述によって検索エンジンから優遇されたり、減点されたりするといったことはありません**。

　Googleのクローラーは構文エラーがあっても理解できるように作られています。インターネット上に存在する多くのWebサイトには、構文エラーや記述ミスがありますが、Googleが見ているのは、ユーザーにとっての「使いやすさ」や、「情報の品質の高さ」などです。たとえWebサイト内の全ページのHTMLの記述を完璧にしても、順位にはまったくといっていいほど影響しません。

▼正しいHTMLよりも内容が大切

HTMLの記述に若干の不備はあるが、内容の濃いWebページ

HTMLの記述は完ぺきだが、内容の薄いWebページ

正しいHTMLを記述すべき理由

HTMLの記述の誤りが原因で、ページのレイアウトが崩れている場合には、順位に直接または間接的に影響することはあり得ます。ユーザーにとってもレイアウトが崩れたページは使いにくいため、その場合は修正しましょう。基本的に、ページの作成や更新のあとには、以下の点を確認するクセをつけておくとよいでしょう。(3)については、Search Consoleで確認できます。

(1) Microsoft EdgeやGoogle Chromeなど主要なブラウザーでの表示
(2) パソコン・スマートフォン・タブレットなど異なるデバイスでの表示
(3) Googleにどのように認識されるか（公開されているページが対象）

① Search Consoleで「クロール」→「Fetch as Google」をクリックします。確認したいページのURLを入力し①、デバイスを選択して②、「取得してレンダリング」をクリックします③。

② しばらく待つと、「ステータス」の表示が「保留」から変化します。「パス」のURL部分をクリックします④。

③ Googlebotでどのように認識されているかを、確認することができます。

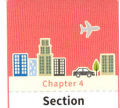

Chapter 4
Section 11

Keyword >> 同義語 / 使用頻度 / キーワードプランナー

検索意図を意識して同義語を活用する

同義語とは、言葉は違っても意味は似ている代替可能な言葉を指します。SEOを実施するなら、効果的なキーワードを多く見つけておきたいと考えるのは普通のことで、同義語も当然意識しているはずです。ここでは同義語の扱い方について解説します。

 ## 同義語で検索結果が異なる

あるキーワードとその同義語で検索してみると、多くの場合、まったく同じ検索結果とはなりません。たとえば、「歯医者」と「歯科医」は同じ意味ですが、「歯医者」のほうは地域別でカテゴライズしたポータルサイトが上位に位置し、一方で「歯科医」のほうは歯科医師会のページなどが上位に表示されています。

同じ意味の言葉であれば、同じ検索結果を提供してくれればわかりやすいのですが、実際にはこのように大きく異なってしまう場合もあります。Webサイトの運営者としては、自身のサイトを同義語でも検索されるようにしておきたいところです。そのための対策としては、「**ユーザーの使用頻度が高い単語に統一する**」か「**不自然とならないように同義語をページで織り交ぜる**」という2通りの方法が考えられます。次ページ以降では、それぞれについて詳しく解説します。

▼同じ意味の言葉でも検索結果は異なる

「歯医者」の検索結果

「歯科医」の検索結果

クエリの使用頻度を調べる

クエリの使用頻度を調べるには、Google Adwordsの「**キーワードプランナー**」を使います。次のステップで確認してみましょう。

① Google Adwordsにログインし、上部メニューの「運用ツール」をクリックし①、「キーワードプランナー」をクリックします②。

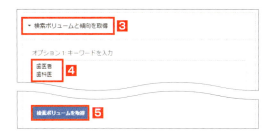

②「検索ボリュームと傾向を取得」をクリックします③。キーワード入力枠に、調べたい用語とその同義語を入力し④、「検索ボリュームを取得」をクリックします⑤。

③ それぞれの月間平均検索ボリュームが表示されます。

このケースでは「歯医者」のほうがよく検索されているため、Webサイト内の言葉は「歯医者」に統一してもよいでしょう。ただし、現時点ではGoogleの同義語の扱いは完ぺきではないため、どちらのクエリもカバーしておきたい場合は、両方をページ内に含めることもあります。

同義語を織り交ぜるか、用語を統一するか

　ページ内に同義語を含める場合、たとえばあるキーワードとその同義語を1つの文章中で交互に使用したりすると、不自然な文章になってしまいます。そうならないように、**同義語を含める場合は段落を分けて、同義語であることを説明するなど、自然でわかりやすい文章を心がけましょう**。自身で確認するだけでなく、周りの人にも不自然になっていないかチェックしてもらうとよいでしょう。

　実際は2つのクエリで、検索ユーザーの意図が異なっている場合もあるかもしれません。たとえば「歯医者」の場合には患者が、「歯科医」の場合は歯科医師や医療関係者が検索している可能性があります。そのような場合は、Webサイトを見てほしいターゲット層に絞って、1つの用語に統一するという考え方もできます。もちろん、両方のターゲット層を狙いたいのであれば、検索意図にマッチしたコンテンツを、それぞれ作成するという方法もあります。

　SEOにおいて同義語を使うメリットは、「さまざまなパターンで検索されやすくなる」ことですが、デメリットはユーザーを混乱させるような文章になりがちなことです。コンテンツの質を重視するならば、用語は統一したほうが読みやすくなります。数年先を考えると、検索エンジンの改良によっては同義語解釈の精度が高まる可能性が高いので、**検索頻度の高いクエリにフォーカスして、用語を統一していくほうがよいでしょう**。

▼ユーザーの性質によって異なるクエリ

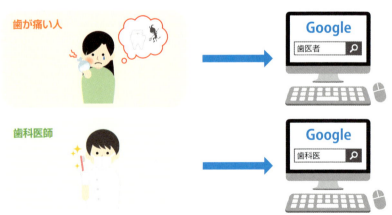

Chapter 5

Webサイト構造を最適化するための施策

内部対策

Googleはユーザーの利便性を重視しているため、Webサイトのセキュリティやwebページの表示速度なども考慮しておいたほうがよいでしょう。Chapter 5では、Webサイトの構造を最適化するための施策について解説します。

Chapter 5
Section 01

Keyword >> SSL / HTTPS / 常時SSL / セキュリティ

SSL対応で
セキュリティを強化する

Googleはユーザーのセキュリティを守るため、SSLを普及させ、表示順位において常時SSLサイトを優遇しています。ユーザーに安心してWebサイトを利用してもらうためにも、これからは常時SSL対応が必須です。

Googleは常時SSLサイトを優遇する

　Googleは検索ユーザーのセキュリティを守るため、WebページをHTTPS化する「SSL対応」のWebサイトを優遇しています（「SSL」とはインターネット上で通信を暗号化する技術のこと）。Webサーバーとブラウザ間で通信する際の規格を「HTTP」といい、「HTTPS」はHTTPにセキュリティの機能を追加したものです。サーバーとブラウザ間での通信を暗号化し、安全にデータを転送できるHTTPSは、送信フォームやECサイトの決済部分で利用されることが一般的でした。しかし**現在では、影響は小さいですがGoogleから優遇されることもあり、WebサイトのすべてのページをHTTPS化する「常時SSL」という手法が一般的になっています**。

　常時SSLサイトのメリットは、セキュリティが強化されることでユーザーが安心してログイン、フォームへの入力、サイトの回遊などを行えることです。対応するには若干のコストが必要ですが、ユーザーに対して安心感を提供するために、SSL対応に関して理解しておくことは大切です。

▼部分的なSSL対応

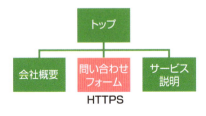

▼常時SSL対応

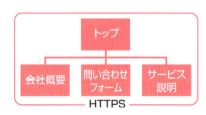

SSL対応のWebページをブラウザーで表示すると、以下のように鍵マークが表示されます。

SSL対応ページに表示される鍵マーク

SSL対応の必要性

　一方で、SSL対応でないWebページを「https://」から入力してGoogleのブラウザー（Chrome）で表示すると、右のように警告メッセージが表示されます。現在では、クレジットカード情報やパスワードを送信するWebページがHTTPSに対応していない場合に、Chromeでは警告を表示するようになっています。

　Googleはセキュリティを最優先事項として考えており、検索はもちろん、Gmail、GoogleドライブなどのサービスはすでIこ、安全に接続できる状態で提供されています。また、Google自身のサービス内のみに限らず、より広い範囲でインターネットを安全に利用できるように、Google検索で表示されるWebページの安全性も配慮されています。

　影響は比較的軽微のため、SSL対応にしたからといって劇的に順位が改善するということはありません。同じクエリで競っているWebページと評価が同じ場合には、SSL対応しているページのほうが優遇されることはあるようです。

　警告が頻繁に表示されてしまうようなWebサイトは、ユーザーからすれば危なっかしくて利用を躊躇してしまうでしょう。たとえ順位への影響が小さくても、**ユーザーに安心して利用してもらうためには、常時SSL対応は必須の取り組みである**といえるでしょう。

Chapter 5
Section 02

Keyword >> SSL対応 / HTTPS / SSL証明書 / 相対パス / 301リダイレクト

SSL対応時の注意点を確認する

ここでは、例として「http://example.com」から「https://example.com」への移行手順を解説します。「http://」にアクセスしてきたユーザーを「https://」へ転送する方法も解説します。

HTTPSへの移行手順と注意点

　　ここでは、SSL対応でWebページをHTTPSに移行する手順を解説します。まずは現在利用しているレンタルサーバーで、SSLがかんたんに導入できるか確認しましょう。「お名前.com」や「さくら」、「ロリポップ」などの主要なレンタルサーバーでは、SSL導入オプションが用意されており、SSL証明書の取得とインストールが可能です。

① 必要なSSL（TLS）証明書を入手して、サーバーに設定します。レンタルサーバー側でSSLオプション追加の手続きを行い、証明書を取得しましょう。サーバーへの設定方法は、レンタルサーバーによって異なります。

② サイト内の全ページの内部リンクが相対パスであることを確認します。たとえば**サイト内リンクを張る際に絶対パスでURLを記述している場合は、すべて相対パスに修正したほうがよいでしょう**。最終的にはhttpでアクセスしてきたユーザーをhttpsページへ転送しますが、サイト内のリンクでhttpページへ誘導していると、リンクをクリックした場合には転送が毎回発生し、ページの表示速度へ影響が出てしまうからです。

修正前

```
<a href="http://example.com/example.html">サイト内へリンク</a>
```

修正後

```
<a href="/example.html">サイト内へリンク</a>
```

③ 各ページで使用している画像
やCSS、JavaScriptなどを指定
するURLが、相対パスであるこ
とを確認します。httpsのページ
内に「http://」で始まる画像ファ

イルを指定すると、Chromeの場合は「保護された通信」の鍵マークが表示され
ず、Firefoxでは警告が表示されます（右上の画面）。
④ XMLサイトマップ内のURLがhttpsから始まっているか確認し、canonical
属性についても、httpsから始まるURLを指定しているかを確認します。
⑤ 301リダイレクトを設定します。301リダイレクトとは、Webページ移転
の際に古いURLから新しいURLに転送するための設定です。**ページランクの評価をそのまま転送でき、評価を引き継げる**というメリットがあります。
「.htaccess」というファイルに、以下の通り記述します。記述を誤るとエラー
が発生するため、専門の担当者が行うべきです。設定が完了したら、正しくリダ
イレクトされるか確認しておきましょう。

```
RewriteEngine On
RewriteCond %{HTTPS} off
RewriteRule ^(.*)$ https://example.com/$1 [R=301,L]
```
※https://example.comの場所に自身のWebサイトのURLを指定します。

⑥ Search Consoleには、httpのサイトが登録されているはずなので、削除せ
ずにhttpsのサイトも登録しておきましょう。また、「クロール」→「Fetch as
Google」の順にクリックし、重要なページのURLにGooglebotがアクセスで
きるかテストしましょう。正常に認識されれば移行して数日以内に、Search
Consoleのインデックスステータスが変化します。

Googleに、「HTTPSページ」として認識されたページ数の変化。HTTPSに移行した直後に、急激に増加しています。

Chapter 5
Section 03

Keyword >> 表示速度 / 直帰 / PageSpeed Insights

ページの表示速度を改善する

ページの表示速度は、Google検索のランキングシグナルの1つです。表示速度は、順位に対する影響自体は小さいものですが、直帰やコンバージョンなどユーザー行動に大きく影響します。ここでは表示速度改善のメリットについて解説します。

 ## 表示速度改善の重要性

海外の調査データ（https://blog.kissmetrics.com/loading-time/）では、「消費者の47%はWebページが2秒以下で表示されることを望む」、「1秒の遅延で7%コンバージョンが減少する」と示されています。また、モバイルユーザーに関しては比較的新しいGoogleの調査（https://www.thinkwithgoogle.com/articles/mobile-page-speed-new-industry-benchmarks.html）で、以下のように表示速度がユーザーの行動に影響することがわかっています。

1秒→3秒：直帰が32%増える　　1秒→5秒：直帰が90%増える
1秒→6秒：直帰が106%増える　1秒→10秒：直帰が123%増える

この調査データによると、モバイルページの平均表示速度は22秒であり、**表示に3秒以上かかると53%のユーザーはページを去ってしまう**ようです。ユーザー体験の観点からいえば、現状の平均表示速度は遅すぎます。最後までコンテンツを見てもらえるように、上の数値を参考に可能な限り表示速度を高速化しましょう。

表示順位への影響

P.124で紹介したような背景もあり、Googleは2010年より、**ページの表示速度をランキングシグナルとして活用しています**。当時のアナウンス時点では、表示速度改善は「1%以下のクエリに影響がある」とされており、順位への影響は限定的であると推測されます。それでも、ユーザー体験の観点ではとても重要であり、ユーザーの行動に大きく影響する要素です。インターネット利用者のうち半数以上がモバイルユーザーであるという環境を考慮すると、今後はモバイル向けの表示速度も重要な要素となるでしょう。

改善するにあたってどのような項目があるかを確認するために、まずはGoogleの提供する「**PageSpeed Insights**」を使って、トップページのURLを入力して分析してみましょう。実際に改善するには技術的な知識が必要となります。制作会社や技術的な知識を持つスタッフに確認しながら、改善に取り組むことをおすすめします。P.126～129で遅いページの調べ方を解説します。

▼ページの表示速度を調べる

「PageSpeed Insights」
https://developers.google.com/speed/pagespeed/insights/

Chapter 5 Section 04

Keyword >> Googleアナリティクス / 表示速度 / ページビュー / PageSpeedスコア

Googleアナリティクスで遅いページを確認する

ページの表示速度はSEO目的というよりは、ユーザー体験の面で非常に重要です。この節ではGoogleアナリティクスを使って、サイト内で表示速度の遅いページを確認する方法について解説します。

Googleアナリティクスでページの表示速度を調べる

Googleアナリティクスで、各ページの平均読み込み速度を確認しましょう。
ここで表示されるデータは、Webページを表示した全ユーザーのうち1%を抽出（サンプリング）して、算出されています。平均読み込み時間は一部をサンプリングしたデータのため、日によってばらつきがありますが、長い期間で常に遅いようであれば改善が必要となります。

① Googleアナリティクス（P.92参照）にログインし、改善したいWebサイトのビューを表示します1。

② 左メニューの「行動」をクリックし2、「サイトの速度」をクリックして3、「概要」をクリックします4。サイト全体の平均読み込み時間や、ブラウザーごとの平均読み込み時間を確認することができます。

③ 次に、「サイトの速度」下の「ページ速度」をクリックします 。

「ページビュー数」と ⑥、「サイト平均との比較」 ⑦ の両方を並べて表示できます（赤の棒グラフはサイト平均よりも悪く、緑はよいという意味です）。すべてのページの表示速度を改善できればよいのですが、ページ数が多いWebサイトの場合は、多くの作業時間が必要となります。そのため、**ページビューによって優先順位を付け、ページビューが多くサイト平均よりも悪いWebページから修正していくとよいでしょう**。

④ 「サイトの速度」下の「速度についての提案」をクリックします ⑧。

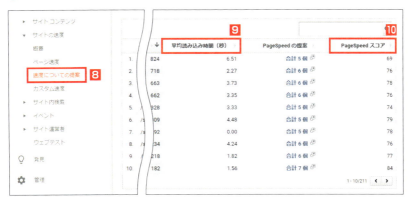

よく見られているページの「平均読み込み時間」 ⑨ を確認し、表示速度が遅いページの「PageSpeedスコア」 ⑩ を確認しましょう。PageSpeedスコアが高いほど改善の余地が少なく、低いほど改善による効果が期待できます。

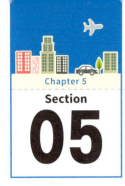

Chapter 5
Section 05

Keyword >> PageSpeed Insights / 表示速度 / CSS / JavaScript

PageSpeed Insightsで表示速度をチェックする

表示速度の改善が必要なページをリストアップしたら、アドバイスツールで改善点を確認しましょう。PageSpeed Insightsを使用することで、表示速度改善に必要な項目とアドバイスを見ることができます。

PageSpeed Insightsの使い方

「PageSpeed Insights」は、Googleが提供している無料のツールです。このツールを使用して改善すべき項目を確認しましょう。

① 「PageSpeed Insights」（https://developers.google.com/speed/pagespeed/insights/）にアクセスします。
URL入力欄に、改善したいページのURLをhttp://またはhttps://から入力して❶、「分析」をクリックします❷。

② アドバイスがレベル別に表示されます。**赤色の「修正が必要」は重要な要素です**。オレンジ色の「修正を考慮」は、できれば改善したい項目です。緑色は対応できている項目です。

③ 個々の改善項目で「修正方法を表示」3を選択すると、より詳しい説明が表示されます。
※この場合は、さらに「CSS配信を最適化」のリンクをクリックすると、より具体的な方法を確認することができます4。

　改善項目のうち比較的修正しやすいものとしては、「**CSSを縮小する**」、「**画像を最適化する**」、「**JavaScriptを縮小する**」などが挙げられます。余分なスペースや改行、インデントなどを取り除くことでファイルサイズを軽量化し、ブラウザーで表示する際のダウンロード、解析時間を短縮します。縮小にミスがあるとページのレイアウトが崩れてしまうため、自身でCSSやJavaScriptを縮小する場合は、バックアップをとったうえで行いましょう。PageSpeed Insightsの解析が終わると、ページ下部に次のようなリンクが表示されます。

　これらのリンクをクリックすると、使用しているJavaScriptやCSSを、縮小された状態でダウンロードすることができます。1つずつ表示や動作を確認しながらファイルを差し替えましょう。それぞれの改善方法については、PageSpeed Insights上の解説を確認してください。WordPressのプラグインや外部ツールとの連携を行っている場合は、100%アドバイス通り改善できないケースもあるため、無理に修正する必要はありません。確実に対処できる項目から改善していきましょう。

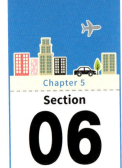

Chapter 5
Section 06

Keyword >> サイトマップ / RSSフィード / Atomフィード

サイトマップで検索エンジンの巡回を効率化する

xmlサイトマップとRSSフィードをサイトマップに登録することで、検索結果にすばやく反映させることができます。CMSを活用している場合はSearch ConsoleにRSS／Atomフィードも登録して、更新情報を効率的に伝えましょう。

RSS／Atomフィードとは

「RSS」と「Atom」は、ともにブログなどの更新情報をかんたんにまとめて配信できる文書フォーマットです（RSSフィードは、Atomよりも古い規格です）。XMLサイトマップは検索エンジンにWebサイトの全体像を把握してもらうためのものですが、RSS／Atomフィードは、Webサイトの更新されたページの情報のみを、すばやく伝えるために利用します。**新規ページの追加や既存ページ更新などの際にRSS／AtomフィードにURLと最終更新日を追加しておくと、クローラーがすばやく、そのページの情報を取得しに来てくれます。**

WordPressなどのCMS（コンテンツマネジメントシステム）を活用している場合には、RSSやAtomフィードを利用できます。サイトマップには、XMLサイトマップのほかにこれらのフィードも登録しておきましょう。

▼サイトマップとRSS／Atomフィードの役割の違い

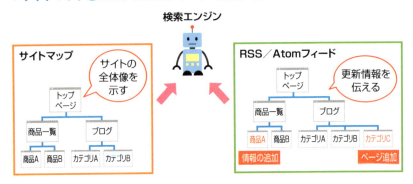

RSSフィードを登録する

WordPressでは、以下の手順でRSSフィードを登録することができます。

① P.68手順①〜②を参考にSearch Consoleで、「サイトマップの追加／テスト」画面を表示します。RSS／AtomフィードのURLを入力して **1**、「送信」をクリックします **2**。URLは、WordPressの場合は次の通りです。

http://example.com/feed/
（自分のドメイン名）

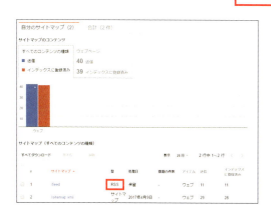

②「アイテムを送信しました。」と表示されるので、「ページを更新する」をクリックします。
問題がなければ、左図のように表示されます（「型」の項目が「RSS」と表示されています）。

✓ **COLUMN** RSS／Atomフィードは検索エンジン以外の用途でも便利

ユーザーは、WebサイトのRSS／Atomフィードを、「フィードリーダー」というソフトに登録することで、都度Webサイトを訪れることなく、ニュースや記事の新着情報を取得することができます。Webサイトの運営者としても、自身のビジネスに関連するメディアを登録しておくことで、外部環境の変化をすばやく知ることができます。また、自身のWebサイトのフィードを多くの人が登録していれば、新しいコンテンツを作成した際にすばやく、フィードの登録者に更新情報が通知されます。

Chapter 5
Section 07

Keyword >> robots.txt / クローラー / 巡回 / ショッピングカート / サーバー負荷

不要なページは巡回をブロックする（robots.txt）

P.78でも触れましたが、robots.txtはクローラーの巡回を制御するためのファイルであり、そもそも検索結果に表示させないために設定するファイルではありません。ここでは、robots.txtの本来の役割について解説します。

robots.txtの誤った使い方

robots.txtは、クローラーの巡回を制御するためのファイルです。「検索結果に表示させない」ことと混同されがちですが、実際は大きく異なります。たとえば、一度インデックスされたページに対して、robot.txtで巡回をブロックしたとします。そうすると、その後ページを削除しても、検索結果から削除されることはありません。なぜかというと、**削除したページへの巡回自体をブロックしているため、クローラーがページの状態を判断することができない**ためです。

まだインデックスされていないWebサイトの場合は、robots.txtによって検索結果に表示されないかもしれませんが、ほかのWebサイトのリンクを辿ってクローラーが巡回してきた場合には、インデックスされる可能性があります。検索結果に表示させたくない場合は、Webサイト公開前であれば、noindexタグやパスワード保護を設定しましょう（P.76参照）。

▼robots.txtを設定してもインデックスから消えるわけではない

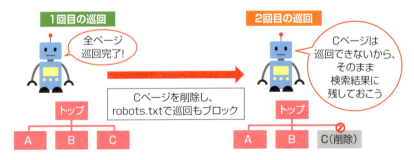

robots.txtで巡回をブロックするケース

基本的に、クローラーの速度や頻度を気にする必要はありませんが、以下のような場合は、robots.txtを設定したほうがよいと考えられます。

無限に生成されるURLの影響で、ページの発見が遅れてしまう

クローラーは、何回かに分けてWebサイトを巡回します。ショッピングカート内の決済プロセスでページのURLが毎回異なる（下記URL）場合や、CMSのカレンダー機能により無限にページが生成される場合などは、巡回してほしいページの発見が遅れてしまいます。そのような場合は、==巡回する必要のないURLのパターンを記述してブロックすることで、無駄なリソースを省き、結果的に巡回してほしいページのほうにリソースを振り分けることができます==。たとえばショッピングカートページの場合、「/cart/」以下のURLを巡回しないように、次のようにrobots.txtに記述します。

```
https://www.allegro-inc.com/cart/?transactionid=d80a11bdbf208af88c2d5899e2a86af65c325548&mode=cart&product_id=2&product_class_id=10&quantity=1
```
↓
```
User-agent: *
Disallow: /cart/
```

サーバーへの負荷が高くなっている

Google以外にも、Bingや海外検索エンジンのクローラーなどもあり、多くのクローラーが同時に巡回するとサーバー負荷が増大します。表示速度が遅くなることもあり、そのような場合にサーバー負荷に影響しそうなクローラーをブロックすることができます。この場合、Googlebotを誤ってブロックしないように注意してください。たとえば「archive.org」のクローラーである「ia-archiver」をブロックするときは、次のように記述します。

```
User-agent: ia_archiver
Disallow: /
```

Chapter 5
Section 08

Keyword >> URL構造 / シンプルなURL / 深い階層構造

URL構造をわかりやすくする

Googleは、ページの内容を推測しやすく、ユーザーにとってわかりやすいシンプルなURL構造を推奨しています。シンプルなURLは、検索エンジンがページを見つけやすく、運営者にとっては管理しやすいというメリットがあります。

 ## シンプルなURLのメリット

SEOでは、URLの構造にも気を配りましょう。たとえばWordPressでは、「https://www.allegro-inc.com/seo/6676.html」のように番号付きのURLが生成されます。このままでも問題はありませんが、URLのメリットを最大化するには、次のようにわかりやすいURLにしておいたほうがよいでしょう。

https://www.allegro-inc.com/seo/meta-keywords

シンプルなURLのメリットとしては、「**何についての情報が書かれているか判別しやすい**」、「**ユーザーに覚えてもらいやすい**」、「**管理しやすい**」という3点が挙げられます。覚えやすいURLは、メールやSNSで共有されやすくなります。多くの人に共有されたいのであれば、URL構造はシンプルであるべきです。

なお、GoogleではURLで文字間を区切る場合には「_」（アンダーバー）ではなく、「-」（ハイフン）を推奨しています。「_」を使用した場合は、つながった1つの単語として認識されるようです。

▼シンプルでわかりやすいURLを設定する

日本語を含めたURL

　Webサイト運営者の中には、URLのディレクトリ部分やファイル名を日本語に設定している人もいます。日本語を使用してもよいのですが、いくつか問題点があります。たとえば、次のようなURLを作成したとします。

https://www.allegro-inc.com/seo/XMLサイトマップとは

　このURLをChromeなどのブラウザーでコピーし、メールやFacebookで貼り付けると、以下のように表示されます（ピュニコード化）。

https://www.allegro-inc.com/seo/XML%E3%82%B5%E3%82%A4%E3%83%88%E3%83%9E%E3%83%83%E3%83%97%E3%81%A8%E3%81%AF

　これでは、シンプルなURLとはいえません。メールなどに張り付ける際にも、何のページであるか判別できないですし、文字数も増えてしまいます。**URLに日本語のキーワードを含めやすいという、SEO上のメリットはありますが、実際にはそれほど大きなランキングシグナルではありません**。

　キーワードを含めたURLの、順位への影響は微々たるものなので、全ページのURLにキーワードを含めて修正する必要はありません。順位よりもユーザーの利便性を第一に考え、わかりやすいURLを使用しましょう。

> ◇ COLUMN　深い階層に位置するページはクローラーが見つけにくい
>
> URL構造は、順位への影響は小さいですが、クローラーへの影響は考慮すべきです。Googleの「検索エンジン最適化スターターガイド」には、「サブディレクトリを"…/dir1/dir2/dir3/dir4/dir5/dir6/page.html"のような深い階層構造にしない」と記載されており、Googleは階層が深ければ深いほど「そのページは重要ではない」と認識します。そのため、何層もの深いディレクトリ階層のURLがあった場合には、Googleのクローラーがそのページを見つけるのに時間がかかってしまうようです。

Chapter 5
Section 09

Keyword >> 階層構造 / クリック数 / 相対的なページランク

ユーザー目線で使いやすいリンクを設置する

リンクはユーザーの行動にも直接影響し、SEOでも重要な要素の一つです。ユーザーが目的のページへのリンクをすぐに発見できるように、使いやすさ、見つけやすさを考慮しましょう。

リンクの階層構造

　リンクの階層構造とは、Webサイトのトップページからリンクをたどって目的のページに到達するまでの構造のことです。頻繁に見られるページや重要なページがトップページから何回もクリックしなければならないようであれば、ユーザーからは見つけにくく、使いやすいWebサイトとはいえません。不要なリンクが多すぎて、ユーザーが目的のページへのリンクを見つけることができない場合も同様です。

　重要なページや頻繁に見られるページは、トップページから1～2クリックでたどり着けるようにしましょう。訪問者にとって使いやすいリンク階層にすることは、SEOにおいても大きなメリットがあります。

▼階層構造の例

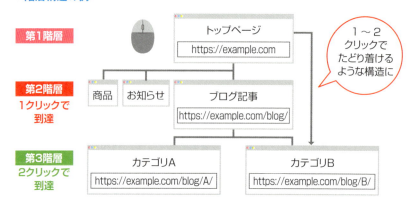

136

ページランクへの影響

　トップページからのリンク階層が浅いと、相対的なページランクが高まります。"相対的なページランク"とは、Webサイト内のほかのWebページと比較した、ページランクの高さのことです。通常、トップページにはWebサイト上のすべてのページからのリンクが集まるため、相対的なページランクがもっとも高いのはトップページです。そのため、**トップページからすぐにたどり着けるページはページランクが相対的に高くなり、そのページ自体の評価も高まります**。

　反対に、トップページから何回もクリックしなければたどり着けないページは、ページランクが相対的に低くなります。もしも重要なページが深いリンク階層に位置している場合は、トップページにリンクを設置することで、設置前よりページランクを高めることができます。

　仮に、すべてのページのページランクを高めようとして、すべてのページへのリンクをトップページに設置した場合には、すべてのページへバランスよくページランクが薄く配分されるだけで意味がありません。ユーザー目線で考えても、目的のページへのリンクを見つけにくくなってしまいます。使いやすさを充分考慮し、重要なページに、浅いリンク階層でたどり着けるようにリンクを配置しましょう。

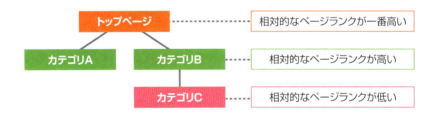

COLUMN 浅いリンク階層のページはクローラーにも発見されやすい

クローラーは、リンクやサイトマップをたどってWebサイトを巡回しますが、サイト内の被リンクにおいても同様です。頻繁に情報を更新するページや重要なページは、トップページから浅いリンク階層にしておきましょう。そうすることで、クローラーに見つけてもらいやすくなり、ページの更新をすばやく認識してもらえます。

Chapter 5 Section 10

Keyword >> URL正規化 / canonical属性 / 評価の統合

URLを正規化してサイトの評価を高める

重複または類似コンテンツが存在する場合、canonical属性でURLを正規化することで、分散したコンテンツの評価を統合することができます。表示されるコンテンツが同じなのに、「www.」の有無などで複数のURLがある場合は、URLを正規化しましょう。

URLを正規化して評価を統合する

　「www.」ありの場合となしの場合で、同じコンテンツが表示されるのであれば、P.80～81で解説したcanonical属性を指定しておきましょう。Googleは、Webサイトを巡回中にコンテンツが同じ異なるパターンのURLを見つけた場合、それぞれ独立した異なるページとして認識してしまうことがあります。

　Webサイト内のページへのリンクであれば、ルールを決めてURLを「www.」あり、なしで統一することも可能ですが、外部サイトから張られるリンクを完全にコントロールすることはできません。「www.」あり、なしのリンクが混在してしまった場合には、どちらのページにもページランクが付与され、評価が分散してしまいます。このようなケースでは、**canonical属性を指定しておくことで、分散した評価を集約して統合することができます**。canonical属性を指定するには次のように、ページ単位で<head>セクションに指定します。

```
<link rel="canonical" href="評価を統合したいページのURL（絶対パス）"/>
```

　たとえば、「https://www.example.com」と「https://example.com」がどちらもトップページで、「example.com」に評価を統合したい場合には、ページの<head>セクションに、「<link rel="canonical" href="https://example.com"/>」という記述を追加します。なお、canonical属性の指定はページ単位で行うため、トップページだけでなくWebサイト内の全ページで対応するURLを記述しておくとよいでしょう。

138

URL正規化のチェックリスト

canonical属性を使用する際の確認事項については、Googleより公式の解説（https://webmasters.googleblog.com/2013/04/5-common-mistakes-with-relcanonical.html）が発表されています。

重複ページの内容と正規化したURLの内容の大部分が同じであるか

扱うトピックは類似したものであっても、まったく同じ単語や文章でなかった場合には、canonical属性の指定は無視されるかもしれません。

指定したページが存在するか

<u>404エラーやソフト404エラーがないことを確認しましょう</u>。「ソフト404」とは、ページ上では「404エラー」と表示されていても、サーバーからは404エラーをブラウザーに返していない状態のことです。

指定したページでnoindexが指定されていないか

「正規化したURLをインデックスさせない」という意味となり、検索結果に表示されない可能性があります。

指定したURLは検索結果に表示させたいURLであるか

誤って正規ではないほうのURLを指定していないか、確認しましょう。

リンクがhttpヘッダーまたは<head>タグ内に含まれているか

httpヘッダーで指定する方法については、Googleのウェブマスターブログ（https://webmaster-ja.googleblog.com/2011/07/http-relcanonical.html）で確認できます。

ページ上に複数のrel=canonicalがないか

複数のrel=canonicalの記述があった場合は無視されます。

 COLUMN WordPressでcanonical属性を指定する

WordPressの場合には、canonicalに対応したテンプレートや、自身で設定するためのプラグインなどがあります。現在のページでcanonicalが正しく設定されているか確認し、必要であればプラグインを追加して設定しておきましょう。

Chapter 5
Section 11

Keyword >> グローバルナビゲーション / ローカルナビゲーション / パンくずナビゲーション

ナビゲーションメニューで使いやすいサイトに

Webサイトの規模が大きくなり、ページ数が膨大になると、それまでのナビゲーションでは使いにくくなります。わかりやすいナビゲーションを設置することで、使いやすいWebサイトにしましょう。

ナビゲーションの役割を理解する

　ユーザーが目的のページを見つけやすくなるように設置するリンクメニューを、「ナビゲーションメニュー」といいます。ナビゲーションメニューの役割は、ユーザーがすばやく目的のページへたどり着けるようにすることで、ナビゲーションの「使いやすさ」とコンテンツの「見つけやすさ」は、ユーザー目線でとても重要な要素です。**SEOの観点でも、検索エンジンにWebサイトの全体像や重要なページを理解してもらうために、とても重要な役割を担っています**。

　通常、トップページには多くのページからのリンクが張られるため、多くのユーザーが集まります。そのため、ナビゲーションはトップページを基準に整理していきましょう。たとえばスポーツシューズ専門のショッピングサイトの場合、以下のようにトップからカテゴリ、カテゴリからサブカテゴリ、サブカテゴリから特定のページへとたどれるように設計することができます。大きな範囲から徐々に絞り込んでいけるため、ユーザーが自然な流れで、目的のページへ到達できます。

▼ショッピングサイトのナビゲーション例

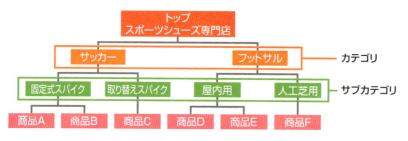

基本的なナビゲーションとその役割

ナビゲーションには、数多くの種類があります。ここでは、基本となる**グローバルナビゲーション**、**ローカルナビゲーション**、**パンくずナビゲーション**について解説します。グローバルナビゲーションとは、Webサイト全体で共通して設置されるナビゲーションで、主にページ上部に位置します。重要なページやカテゴリへのリンクを設置することが多いでしょう。

▼グローバルナビゲーションの例

ローカルナビゲーションは、特定のカテゴリ内で表示されるナビゲーションメニューで、サイドに表示される場合が多いです。特定カテゴリ内の、サブカテゴリへのリンクを設置することが多いかもしれません。

パンくずナビゲーションは、Webページの現在の位置をツリー構造で表したリンクです。パンくずナビを設置することで、訪問者はかんたんに一つ上の階層や、トップへ移動できます。また、現在見ているページがウェブサイトのどこに位置しているかを理解することができます。

▼ローカルナビゲーションとパンくずナビゲーションの例

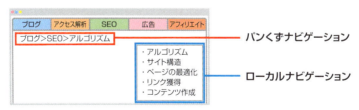

ナビゲーションは、検索エンジンが内容を理解できるように、なるべくテキストで設置しましょう。リンクが多すぎると、どれが重要なページか検索エンジンが理解しにくくなるため、不要なリンクは極力少なめに抑えましょう。

Chapter 5
Section
12

Keyword >> 404エラー / サイトマップ / 301リダイレクト

原因を探り
リンク切れに対応する

リンク先のページで404エラーが表示されている場合、リンクのURLに記述ミスがあるかもしれません。外部サイトから、誤ったURLでリンクされてしまうこともあります。ここではリンク切れの見つけ方と、対応方法について解説します。

 ## 404エラーページのリストを確認する

リンク切れは、どのWebサイトでも起こり得ることです。リンク切れの原因としては、リニューアル時にURLを削除してしまう、誤ったURLでリンクを張られる、などが考えられます。リンク切れによる問題は、主に以下の2つです。

- ユーザーが目的のページへたどり着けない（ユーザー視点）
- ページランクがリンク先のページへ渡らない（検索エンジン視点）

リンク切れを見つけたら、できる限り修正しましょう。**Googleは、クロール時に404エラーページを見つけることがあり、その場合はSearch Consoleの「クロールエラー」に表示されます**。リンクURLのミスが原因であれば、ここで詳細を確認できます。次の手順で確認しましょう。

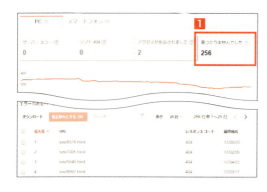

① Search Consoleにログインし、Webサイトのプロパティを選択します。左メニューの「クロール」をクリックし、「クロールエラー」をクリックします。「見つかりませんでした」をクリックすると①、404エラーを検出したURLのリストが表示されます。

② エラーのあるページのリストから、1つURL部分をクリックしてみると、左図のように詳細が表示されます。「リンク元」をクリックすると ２ 、リンク元ページが表示されます。

　自身のサイト内リンクの設置ミスであれば、正しいURLに修正しましょう。古いXMLサイトマップが原因となっている可能性もあるので、XMLサイトマップの定期更新も行っておくとよいでしょう。もし**外部サイトからのリンクでURLにミスがあるようなら、301リダイレクトを設定して、正しいURLへ転送しましょう**。こうすることで、リンクをクリックしたユーザーを適切なページに転送することができます。WordPressを使用している場合は、「Redirection」（https://ja.wordpress.org/plugins/redirection/）というプラグインでかんたんに301リダイレクトを設定できます。

　Search Consoleのクロールエラーで表示されるURLに関して、301リダイレクトで正しく転送できそうなものは修正すべきですが、エラー自体を完全になくす必要はありません。なぜなら、Googleはテスト的にさまざまなパターンでクロールして、404ページを見つけてしまうからです。また、Search Consoleで404エラーがあるからといって、サイト全体へのランキングに影響することはありません。

▼リンク切れの原因と対応方法

Chapter 5 Section 13

Keyword >> リッチスニペット / 構造化データ / マークアップ支援ツール / データハイライター

検索結果にリッチスニペットを表示する

Googleの検索結果に表示されるスニペットを拡張したものを、「リッチスニペット」といいます。検索結果にリッチスニペットを表示させるには、ページ上に構造化データを追加します。Googleが提供しているツールで設定できます。

 ## リッチスニペットのメリット

　構造化データを追加（「マークアップ」という）していないWebページは、検索結果では次のように「タイトル」、「パンくずリスト」、「日付」、「スニペット」が表示されます。ページ上に日付の記述がなければ日付は表示されませんし、パンくずリストではなくURLが表示される場合もあります。

▼構造化データをマークアップしていないページの例

> 内部SEOと外部SEO｜アレグロのSEOブログ - アレグロマーケティング
> https://www.allegro-inc.com › SEOブログ › SEO対策基礎知識 ▼
> 2016/01/14 - seo内部施策（**内部SEO対策**）とは、検索エンジン上位表示の為にサイトの内部構造を各検索エンジン用に最適化する作業の事を言います。

　<u>ページ上に構造化データを追加することで、検索結果に価格やレビュー数を、レシピであればカロリーなどの情報も表示させることができます</u>。検索結果画面に多くの情報を表示させることができ、ほかのページよりも目立たせることができます。ただし、構造化データを追加しても順位が向上することはありません。

▼リッチスニペットの例

価格表示

> XMLサイトマップ作成ツールSitemap Creat
> https://www.allegro-inc.com/products/detail.php?product
> ￥4,000
> XMLサイトマップの自動生成、アップロード、検索エンジ

レビュー件数と評価表示

> Amazon.com: Inspyder Sitemap Creat
> https://www.amazon.com/Inspyder-Software-Inc.
> ★★★★★ 評価: 5 - 1 件のレビュー
> Buy Inspyder Sitemap Creator [Download]: Read 1

構造化データの追加方法と注意点

構造化データをマークアップしても、以下のケースではリッチスニペットが表示されない場合もあります。

・検索クエリにふさわしくない場合
・変更して間もない場合（クローラーの巡回に時間がかかる）
・質の低いコンテンツの場合
・ガイドラインに違反している場合

表示されるリッチスニペットが誤解を招く内容であったり、スパムを疑われるような場合には、マークアップが無視されることがあります。**構造化データの追加は、Googleが提供しているツールや機能を使えばかんたんに設定することができます**。以下のいずれかのツールがおすすめです。

構造化データ マークアップ支援ツール

HTMLで直接マークアップするツールで、Google以外の検索エンジンでも利用できる点が大きな特徴です。サイト制作を内製化している企業の場合は、こちらがおすすめです（P.146参照）。

▲構造化データ マークアップ支援ツール

データハイライター

HTML修正は不要で、マウスのみの操作でかんたんに設定できるツールです。サイト制作を内製化していない場合は、この方法がおすすめです。ただし、Googleのみに利用できる方法であり、自動的にパターンを判別するため、サイト構造が変わった場合、正しく認識されなくなる可能性があります（P.147参照）。

▲データハイライター

Chapter 5
Section 14

Keyword >> リッチスニペット / 構造化データ / マークアップ支援ツール / データハイライター

構造化データをマークアップする

リッチスニペットを表示させるには、構造化データを追加する必要があります。Googleの「構造化データ マークアップ支援ツール」と、Search Consoleの「データハイライター」は、どちらもリッチスニペット表示に役立つ便利なツールです。

マークアップ支援ツールの利用手順

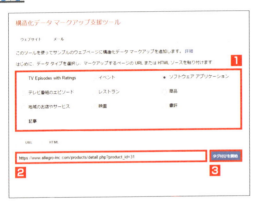

① ブラウザーで「構造化データ マークアップ支援ツール」（https://www.google.com/webmasters/markup-helper/）にアクセスします。
既存のページに構造化データを追加する場合は、データタイプを選択し■、「URL」にページのURLを入力して■、「タグ付けを開始」をクリックします■。

② テキストや画像を選択してタグを選択します。必須項目は必ず指定し、「HTMLを作成」をクリックします■。

③ HTMLのソースコードが表示されます。**ハイライト表示されたテキストを、対象ページの該当箇所に追加します。**

④「構造化データ テストツール」(https://search.google.com/structured-data/testing-tool) で、構造化データの追加が正しく行われているか確認しましょう。

データハイライターの利用手順

① Search Consoleにログインし、「検索での見え方」1→「データ ハイライター」をクリックして2、「ハイライト表示を開始」をクリックします3。

② リッチスニペットを表示させたいページのURLを入力し4、データタイプを選択します5。該当のページだけをタグ付けする場合は、「このページだけをタグ付けする」を選択し6、「OK」をクリックします7。

③ テキストや画像を選択してタグを選択します。必須項目は必ず指定し「公開」ボタンをクリックします8。

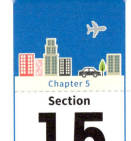

Chapter 5
Section 15

Keyword >> nofollow属性 / ページランク / コメント / 有料リンク

特定ページにページランクを流さないようにする（nofollow属性）

Googleのページランクは、リンクを通してほかのページへと渡ります。特定のリスクを排除するために、ページランクがリンク先に渡らないように、nofollow属性を使用します。ここでは、nofollow属性の具体的な使い方について解説します。

nofollow属性とは？

　nofollow属性は、検索エンジンに対して「ページのリンクをたどらない」、「特定のリンクをたどらない」という指示を与えるための記述です。nofollow属性が付いたリンクは、リンク先に評価を渡しません。ほとんどのWebサイトにはnofollow属性は必要ありませんが、信頼できないコンテンツへのリンクや有料リンクに対しては、次のように「rel="nofollow"」を記述します。

```
<a href="特定のページや外部サイトのURL" rel="nofollow">example</a>
```

信頼できないコンテンツへのリンク

　たとえば第三者による**ブログのコメント投稿や、ゲストブログなどで埋め込まれるスパムリンクなどは、そのまま放置してしまうとブログの評価が下がってしまう可能性があります**。実際にYouTubeやTwitter、Facebookなど主要なWebサービスでは、URLを含めてコメントを投稿しても、リンク部分は自動でnofollow属性が付与されています。スパムの温床とならないように、このような投稿のリンクに対してnofollowを付与しておきましょう。

有料リンク

　ほとんどのWebサイトは気にする必要はありませんが、もし自身のWebサイトで広告枠を有料で販売するのであれば、リンクに対して広告であることを明示し、「rel="nofollow"」を<a>タグに追加する必要があります。

Chapter 6

モバイルフレンドリーのための施策

モバイル

スマートフォンの普及にともない、現在のGoogle検索ではモバイルフレンドリー（モバイル対応）なWebサイトを重要視しています。Chapter 6では、モバイルフレンドリーを実現するためのポイントについて解説します。

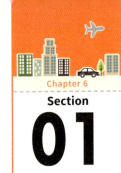

Chapter 6
Section 01

Keyword >> モバイル対応 / モバイルフレンドリー / モバイルファーストインデックス

Webサイトの
モバイル対応は必須！

Webサイトの「使いやすさ」は、Googleの表示順位に影響する要素です。すでに検索におけるモバイルユーザーの比率はパソコンを上回っているため、今後はパソコンではなくスマートフォンをメインに、「使いやすさ」を考慮する必要があります。

 ## モバイルユーザーの使いやすさ

モバイルユーザーの増加によって、Webサイトのモバイル対応は必須の要素となりつつあります。すでに検索では半数以上がスマートフォンユーザーとなっており、ユーザーの利用環境に合わせて、Googleも検索アルゴリズムを改良しています。

近い将来モバイルファーストインデックスに切り替わる

2015年にGoogleは、モバイルフレンドリー（モバイルに対応した）コンテンツを、ランキングシグナルに加えることを発表しました。詳細は後述しますが、スマートフォンで使いやすいページかどうかが、モバイル検索結果の順位に影響します。

また、2016年11月には「**モバイルファーストインデックス**」に向けた実験を開始すると発表しており、実現すると、今後はモバイルコンテンツをメインに評価するようになります。詳細はP.156で解説します。

▼今後はよりモバイルコンテンツが重要になる

現在のWebサイトの状態を確認する

今後、モバイル対応が必須となるにしても、まずは自身のWebサイトの状況を把握しておくことが大切です。**一般消費者向けビジネスのWebサイトでは、モバイルユーザーが圧倒的に多いケースもあります**。逆に企業向けビジネスの場合は、パソコンユーザーが多い傾向にあります。自身のWebサイトのユーザー傾向を調べるには、Googleアナリティクスの左メニューの「ユーザー」をクリックし、「モバイル」の「概要」でセッション数を確認します。

▼**Googleアナリティクスでユーザー傾向を調べる**

デバイス カテゴリ	セッション	新規セッション率	新規ユーザー	直帰率	ページ/セッション	平均セッション時間	トランザクション数	収益	eコマースのコンバージョン率
	1,778 全体に対する割合: 100.00% (1,778)	71.43% ビューの平均: 71.43% (0.00%)	1,270 全体に対する割合: 100.00% (1,270)	23.90% ビューの平均: 23.90% (0.00%)	1.29 ビューの平均: 1.29 (0.00%)	00:01:35 ビューの平均: 00:01:35 (0.00%)	0 全体に対する割合: 0.00% (0)	$0.00 全体に対する割合: 0.00% ($0.00)	0.00% ビューの平均: 0.00% (0.00%)
1. desktop	1,541 (86.67%)	71.71%	1,105 (87.01%)	22.39%	1.30	00:01:30	0 (0.00%)	$0.00 (0.00%)	0.00%
2. mobile	213 (11.98%)	70.42%	150 (11.81%)	35.21%	1.24	00:02:13	0 (0.00%)	$0.00 (0.00%)	0.00%
3. tablet	24 (1.35%)	62.50%	15 (1.18%)	20.83%	1.17	00:02:07	0 (0.00%)	$0.00 (0.00%)	0.00%

この場合、パソコン（desktop）からのセッションが9割近くもあり、パソコンから閲覧されている割合が多いことがわかります。なお、Googleにモバイルフレンドリーと認識されているかどうかは、Search Consoleで左メニューの「検索トラフィック」→「モバイル ユーザビリティ」の順にクリックして調べることができます（下の画面）。

▼**Search Consoleでモバイルユーザビリティを調べる**

モバイル ユーザビリティ

サイトに影響を与えるモバイル ユーザビリティの問題を解決してください。ウェブサイトにモバイル ユーザビリティの問題があると、モバイル検索結果に表示されないことがあります。詳細

ステータス: 17/05/08
■ 73 問題のあるページ

	ユーザビリティの問題	問題のあるページ▼	
1	ビューポートが設定されていません	73	»
2	コンテンツの幅が画面の幅を超えています	72	»

Chapter 6
Section 02

Keyword >> モバイルフレンドリーアップデート / Flash / ビューポート

モバイルフレンドリーを優遇するアルゴリズム

検索の半分以上がスマートフォンユーザーであるという現状を考えると、Webサイトのモバイル対応は、必要不可欠となりつつあります。ここでは、表示順位への影響と、モバイルフレンドリーのチェック要素について解説します。

モバイルフレンドリー アップデートとは？

　2015年の発表（P.150参照）のあと、4月には「モバイルフレンドリー アップデート」が開始されました。それにより、**モバイル検索においてはモバイルフレンドリーなWebページの表示順位が向上し、逆にモバイル対応になっていないWebページは、表示順位が下がりました**。

　2016年3月には、モバイルフレンドリーなWebサイトを優遇するアルゴリズムを、段階的に強めていくことを公式にアナウンスしています。このアルゴリズムはページ単位で影響し、仮に「モバイルフレンドリーではない」と認識され順位が下がっても、そのページをモバイルフレンドリーにすれば、本来の評価に戻ります。また、質の高いコンテンツであれば、モバイル対応でなくとも上位表示される場合もあります。

▼モバイルフレンドリーの影響範囲

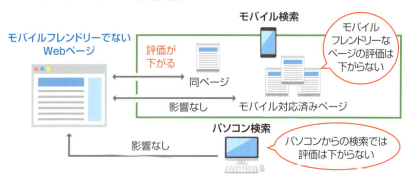

モバイルフレンドリーのチェック要素

モバイルフレンドリーの要素としては、以下のような点をチェックしましょう。

- Flashを使用しない（P.160）
- ビューポートを設定する（P.161）
- 固定幅のビューポートを避ける（P.161）
- コンテンツのサイズをビューポートに合わせる（P.161）
- 読みやすいフォントサイズを指定する（P.161）
- タップ要素のサイズを適切にする
- インタースティシャル広告を避ける（P.166）

　ビューポートとは、モバイル端末での表示方法を指定するための記述で、ビューポートの指定がない場合は、ブラウザーはパソコン画面の幅でページを表示します（P.161参照）。個々の詳細については後述しますが、これらはGoogleが評価している要素であり、モバイルフレンドリーと認識されるためには少なくとも考慮しておかなければなりません。なお、これらの項目のうち「インタースティシャル広告を避ける」以外の要素は、**Search Consoleのモバイルユーザビリティ（P.151参照）で、「ユーザビリティの問題」として表示されます**。

　本書執筆時点では、モバイル検索においてはパソコン向けページの内容に加えて、モバイルフレンドリーかどうかを補助的に判断して順位付けを行っています。しかし、今後はモバイル向けページの内容をメインに評価するようになるでしょう。

▼モバイルフレンドリーかどうかの判断要素

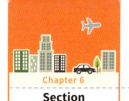

Chapter 6 Section 03

Keyword >> デバイスの比較 / ファーストビュー / クリック率

スマートフォンとパソコンで表示順位が異なる？

Googleの検索アルゴリズムは、ユーザーの環境や行動を考慮して、関連する検索結果を表示します。ユーザーの場所や過去の閲覧履歴、使用するデバイスによっても表示順位は異なります。ここでは、デバイスによる検索結果の違いを解説します。

 同じキーワードでも表示順位が異なる

モバイル検索では、モバイルフレンドリーなWebサイトが優遇されます。そのため、**同じキーワードであっても、パソコンから検索する場合とスマートフォンから検索する場合とでは、検索結果に表示されるページの順位は異なります**。Search Consoleでは以下の手順で、モバイル検索とパソコン検索の平均順位傾向を確認することができます。

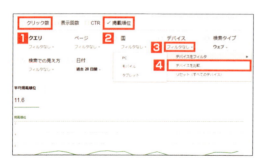

① 「検索トラフィック」→「検索アナリティクス」をクリックします。「クリック数」のチェックを外し**1**、「掲載順位」にチェックを付けます**2**。「デバイス」の「フィルタなし」をクリックして**3**、「デバイスを比較」をクリックします**4**。

② 「PC」と「モバイル」を選択して、「比較」をクリックします。この場合は、モバイルの平均掲載順位（点線）がパソコン（実線）よりも上回っていることがわかります。

同じ1位でもモバイル検索のほうがクリックされやすい

　以下の画面は、実際に同じクエリでスマートフォンとパソコンから検索した場合の、検索結果画面のファーストビュー（スクロールなしで表示される部分）です。パソコン検索では、上位4位までがファーストビューに表示されていますが、スマートフォンでは2位までしかファーストビューに表示されていません。

▼スマートフォン（左）とパソコン（右）の検索結果表示（ファーストビュー）の違い

　検索したユーザーはまず、画面の上部に表示されているWebページに目を通すため、パソコン検索での1位とモバイル検索での1位とでは、クリックされる比率に差が生じます。実際、Search Consoleで平均掲載順位が1位のクエリをいくつか選んで、クリック率の違いを調べると、以下のような結果になります。

　パソコンでの表示順位が1位の場合よりも、モバイル検索での表示順位が1位の場合のほうが、CTR（クリック率）は高い傾向にあります。このように、モバイル検索とパソコン検索では、傾向や特徴が異なることを認識しておきましょう。

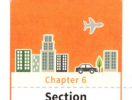

Chapter 6
Section 04

Keyword >> モバイルファーストインデックス / コンテンツ / マークアップ

モバイルファーストインデックスに対応する

2016年11月に、Googleはモバイルファーストインデックスに向けた実験を開始することを発表しました。今までは、パソコン版のコンテンツをメインに評価していましたが、今後はモバイル版コンテンツをメインに評価するようになります。

従来はパソコン版コンテンツをメインに評価

　これまでは、**モバイル検索の表示順位もパソコン版のコンテンツの評価によって決まっており、モバイル版コンテンツの内容は考慮されず、モバイルフレンドリーかどうかを補助的に見ているだけでした**。極端にいえば、パソコン版のコンテンツさえ充実していれば、モバイル版のコンテンツの大部分が省略されていても評価が下がることはありません。しかし、近年のスマートフォンの普及により、モバイル検索のユーザーがパソコン検索のユーザーよりも多くなってくると、これまでのしくみではユーザーにとって最適な体験を提供することができません。

▼今までのGoogleのページ評価

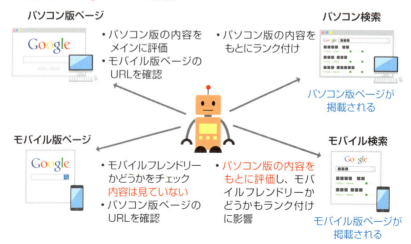

今後はモバイルページをメインに評価

そこで、Googleは2016年11月に「モバイルファーストインデックスの実験を開始する」と発表しました。**モバイルファーストインデックスの実施後は、モバイル版コンテンツの評価をもとに、表示順位が決まるようになります。**URLが同じで、モバイル版とパソコン版で主要なコンテンツやマークアップが同一(レスポンシブデザインや動的な配信)であれば問題ありませんが、別のURLで公開している場合は、いくつか注意点があります。

- 構造化データのマークアップは両方のコンテンツに記述しておく
- モバイル版コンテンツへのクローラーの巡回を確認する(クローラーは「Googlebot」を選択し、robots.txtテスターでモバイル版ページをチェックします)
- rel="canonical"の変更は不要

パソコン版とモバイル版で主要なコンテンツに差がある場合には、表示順位に影響が出るかもしれません。ユーザーが必要とする情報や役に立つ情報を省略し過ぎないように、注意しましょう。

▼今後のGoogleのページ評価

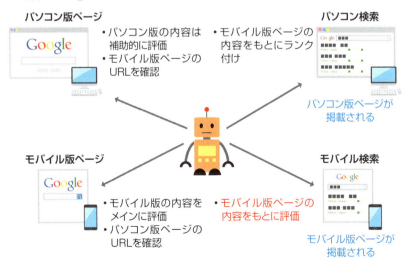

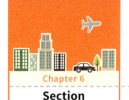

Chapter 6
Section 05

Keyword >> レスポンシブWebデザイン / 動的な配信 / 別々のURL

モバイルフレンドリーな Webサイトの実装方法

モバイル環境に最適化されたWebサイトを実装するには、HTMLやサーバーの知識などが必要となります。Web制作を外注している場合には、制作会社に依頼しましょう。ここでは、モバイルフレンドリーなWebサイトの実装方法を解説します。

モバイルフレンドリーサイトを実現する3つの方法

モバイルフレンドリーを実現するには、「レスポンシブWebデザイン」、「動的な配信」、「スマートフォン用とパソコン用で別々のURL」という3つの方法があります。

レスポンシブWebデザイン

1つのURLで1つのHTMLを配信し、デバイスによって適した表示に切り替える方法です。ソースコードは同じですが、**パソコンで表示した場合にはパソコン用のレイアウト、モバイル端末で表示した場合にはモバイル用のレイアウトに切り替わります**。検索エンジンに対して行う設定がもっともシンプルなので、Googleが推奨している方法でもあります。

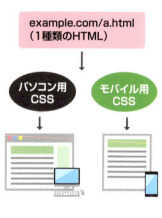

動的な配信

1つのURLを使用しますが、動的な配信では、サーバー側で把握したデバイス情報に応じて、異なるHTMLを生成します。**パソコンからアクセスした場合にはパソコン用の、モバイルでアクセスした場合にはモバイル用のHTMLが表示されます**。

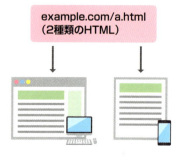

それぞれ別々のURL

モバイル用ページとパソコン用ページで別々のURLを用意し、デバイスによって振り分ける方法です。たとえばパソコンからアクセスした場合には、「example.com/a.html」というパソコン用のURLにリダイレクトされてパ

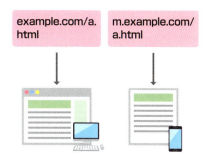

ソコン用のコンテンツが表示され、モバイルでアクセスした場合には、「m.example.com/a.html」というモバイル用のURLにリダイレクトされるような設定です。この方法では、パソコン用とスマートフォン用のページでそれぞれ別のURLを割り当て、別のHTMLを用意する必要があります。

基本的にはレスポンシブWebデザインでOK

　WordPressなどのCMSを利用して、社内でWebサイトを構築している場合は、レスポンシブWebデザインに対応したテンプレートが利用できます。**モバイルファーストインデックスの実施後も、レスポンシブWebデザインであれば、大きな変更はほぼ必要がありません**。

　一方で、動的な配信や別々のURLで提供するケースでは、デバイスごとに異なるHTMLを準備できるため、デザインやレイアウト上の制約が少ないというメリットがあります。モバイルフレンドリーに関する情報はGoogle Developers（https://developers.google.com/webmasters/mobile-sites/）でも詳しく解説されているので、確認しておきましょう。

▼モバイルフレンドリーサイトの3つの実現方法

	URL	用意するHTML
レスポンシブWebデザイン	同一	1種類（CSSでレイアウト切り替え）
動的な配信	同一	2種類（パソコン用とモバイル用）
別々のURL	2種類	2種類（パソコン用とモバイル用）

Chapter 6
Section 06

Keyword >> Search Console / モバイルユーザビリティ / ビューポート

Search Consoleでモバイルユーザビリティをチェックする

P.151の方法で見つかったモバイルユーザビリティの問題箇所は、Webサイトをモバイルフレンドリーに改善するうえで、最低限考慮しなければならない要素です。ここでは、個々の項目について具体的に解説します。

モバイルユーザビリティのエラーを確認する

　Googleは、2014年にスマートフォン対応のページを検索結果でラベリングすることをアナウンスしていました（現在は表示されていません）。

　スマートフォン対応の条件としては、以下の項目が挙げられています。

- Flashなど、スマートフォンサイトではあまり使われていないソフトウェアを使用していないこと
- ページの大きさがスマートフォンの画面に最適化されており、横にスクロールしたりズームせずに読めること
- リンクを指でタップした際に、近くにある別のリンクをタップしてしまうことないよう、リンクどうしが離れていること
- スマートフォン上でズームすることなく読める大きさのテキストを使用していること

　Search Consoleの「モバイルユーザビリティ」では、モバイルユーザビリティの問題点や、スマートフォン対応の条件をクリアしていない問題のあるページを一覧で抽出することができます（P.151参照）。以下では、主な問題点について解説します。

Flash が使用されている

　FlashはiPhoneやiPadなどのブラウザーでは再生できないため、スマートフォンでは一般的でないソフトウェアであり、使用していると「モバイルフレンドリーではない」とみなされます。

ビューポートが設定されていない

ビューポートはモバイル端末の表示方法を指定するための記述で、次のようにHTMLの<head>内に記述してビューポートを指定します。

```
<meta name="viewport" content="width=device-width, initial-scale=1">
```

==ビューポートの指定がないと、モバイル端末でページを表示した際に、パソコン画面の幅でページが表示され==、文字が小さくタップもしづらくなってしまいます。

▼ビューポートの指定がないWebページ

固定幅のビューポート

各端末の画面サイズに合わせて表示を調整する場合は、デバイス幅に合わせてビューポートを指定します。

```
固定幅　　：<meta name="viewport" content="width=640">
デバイス幅：<meta name="viewport" content="width=device-width">
```

コンテンツの幅が画面の幅を超えている

画像や要素が画面からはみ出し、ユーザーが横にスクロールしたりズームしたりする必要がないよう、コンテンツのサイズが画面のサイズと一致していなければなりません。

そのほか、**フォントサイズが小さ過ぎる場合**や、**ボタンやリンクなどのタップする要素どうしが近過ぎてタップしにくい場合**にも、エラーが表示されます。

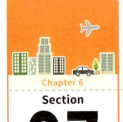

Chapter 6
Section 07

Keyword >> モバイルフレンドリーテスト / モバイルユーザビリティ

モバイルフレンドリーテストツールを使う

モバイル対応を制作会社に依頼する場合も自社で取り組む場合も、改善後にモバイルフレンドリーとなっているかを必ず確認しましょう。Googleの「モバイル フレンドリー テスト」を使うと便利です。

モバイルフレンドリーテストに合格しているか確認する

「**モバイルフレンドリーテスト**」は、Googleが無料で提供しているチェックツールです。モバイルフレンドリーテストを利用することで、Googleのモバイルフレンドリーの基準をクリアしているかどうかを、確認することができます。操作の手順は以下の通りです。

① 「https://search.google.com/test/mobile-friendly」にアクセスし、重要なページのURLを入力して **1**、「テストを実行」をクリックします **2**。

② 問題がなければ「このページはモバイル フレンドリーです」と表示され、Googleはモバイルフレンドリーなウェブページであると認識します。

何らかの問題がある場合は、「このページはモバイル フレンドリーではありません」と表示されます。問題点も同時に表示されるため、該当する箇所を確認し、修正しましょう。モバイルフレンドリーテストのエラー項目は、Search Consoleの「モバイル ユーザビリティ」（P.151参照）で表示される項目と同等です。該当する箇所の修正後、再度チェックして「このページはモバイル フレンドリーです」と表示されることを確認しましょう。

　「モバイルフレンドリーテスト」では、重要なページに絞ってチェックするとよいでしょう。Webサイトのページ数が膨大にある場合は、優先度の高いページのチェックは「モバイルフレンドリーテスト」で行い、Webサイト全体については、モバイルフレンドリー実施の数週間後にSearch Consoleのモバイルユーザビリティでエラーが検出されていないかどうかを確認しましょう。

▼モバイルフレンドリーテストによるエラー表示

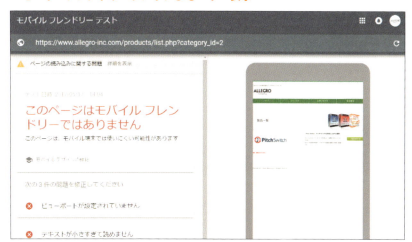

COLUMN　クリックしないと表示されないコンテンツは隠しテキストになる？

パソコン向けコンテンツの場合、クリックしなければ内容が表示されないタブ切り替え式や展開式のコンテンツは、初期状態で表示されている内容以外は無視されていました。モバイルファーストインデックスが実施された場合には、モバイルページで展開式、またはタブ切り替え式の隠れたコンテンツがあった場合でも無視されず、目に見えるコンテンツと同様に扱われるようです。

Chapter 6
Section 08

Keyword >> アノテーション / 別々のURL / XMLサイトマップ

ページとサイトマップにアノテーションを追加する（別々のURLの場合）

レスポンシブWebデザインの場合には、検索エンジン向けに特別な設定は必要ありません。一方、別々のURLで同等のコンテンツを配信する場合には、ページとサイトマップにアノテーション（注釈）を指定しなければなりません。

 ## アノテーションを追加する

　パソコン用とモバイル用とで、別々のURLで同等のコンテンツを配信する場合は、クローラーがわかるようにアノテーション（注釈）を記述する必要があります。

　たとえばモバイル用ページ「http://m.example.com/a.html」がパソコン用ページ「http://example.com/a.html」と同等のコンテンツである場合、それぞれのページの<head>内に次のようなアノテーションを指定します。なお、アノテーションは対応するモバイル用ページとパソコン用ページで、1対1となるように記述します。つまりページ個別に指定しなければなりません。

●パソコン用ページ（http://example.com/a.html）

```
<link rel="alternate" media="only screen and (max-width: 640px)"
 href="http://m.example.com/a.html">
```

※赤字部分に対応するモバイル用ページのURLを記述します。

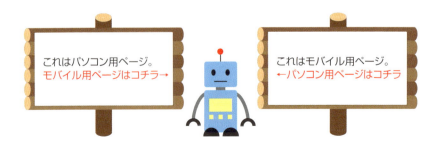

164

●モバイル用ページ（http://m.example.com/a.html）

```
<link rel="canonical" href="http://example.com/a.html">
```

※赤字部分に対応するパソコン用ページのURLを記述します。
※canonical属性を使用します。

XMLサイトマップにもアノテーションを追加する

ページにアノテーションを追加するほか、**XMLサイトマップにもアノテーションを指定しておきます**。XMLサイトマップの<url>タグ内に、以下のように記述します。

●<URL>タグの記述例

```
<url>
<loc> http://example.com/a.html </loc>  ── パソコン用のページを指定
<xhtml:link
rel="alternate"
media="only screen and (max-width: 640px)"    モバイル用の
href="http://m.example.com/a.html"/>          ページを指定
</url>
```

<loc>内にはパソコン用のページを指定します。

そして対応するモバイル用のページのURLをhref=""内に記述します。

XMLサイトマップのアノテーションも、対応するモバイル用ページ、パソコン用ページで1対1となるように記述します。ページ数が多い場合、全ページを手動で設定するのは大変です。各ページの<head>内のアノテーションが正しく設定できていれば、アノテーションを指定したXMLサイトマップを自動的に生成してくれるツール（Column参照）を利用するとよいでしょう。

> COLUMN **Sitemap Creator**
>
> Sitemap Creator（https://www.allegro-inc.comの中段から製品ページへ移動可能）は、筆者がローカライズしたXMLサイトマップ作成ツールで、アノテーションを指定したXMLサイトマップを、自動的に生成してくれます。

Chapter 6
Section 09

Keyword >> インースティシャル / ポップアップ / スタンドアロン

インースティシャルの使用は避ける

ページコンテンツを覆い隠すようなポップアップ広告などは、ユーザーにとっては煩わしく感じるものです。Googleの順位評価にも影響するので、例外のケースを除いて使用しないようにしましょう。

インースティシャルとは？

「**インースティシャル**」とは、ページコンテンツを覆い隠すようなポップアップ画面や、目的のWebページが表示される前に別のページを表示させるしくみのことです。主に広告を掲載したり、サイト内の特定のページ（アカウント登録ページなど）へ誘導したりする目的で使用されます。

Google社内のユーザー体験の調査では、インースティシャルはユーザー行動の妨げになっていることがわかっています。この結果を受けてGoogleは、2017年よりモバイル検索において煩わしいインースティシャルが表示されるページの評価が下がるように、変更を加えています（https://webmaster-ja.googleblog.com/2016/08/helping-users-easily-access-content-on.html）。煩わしいインースティシャルに該当するケースとしては、次のようなものが挙げられます。

ポップアップ表示

Webページの表示直後やページの閲覧中に、**本来のコンテンツを覆い隠すようにポップアップが表示される**タイプです。Webサイトを離脱する直前に表示されるポップアップは、該当しません。

スタンドアロン

Webページを表示する前にインタースティシャルのページが表示され、閉じないとWebページにアクセスできないタイプです。ユーザーによっては、強制的に広告を見せられているという印象を受けるかもしれません。

インタースティシャルのようなレイアウト

Webページを表示した際に、最初に表示される部分が、インタースティシャルのようなレイアウトになっているタイプです。メインのコンテンツは、スクロールしないと閲覧できません。

インタースティシャルの評価対象はページ単位であり、Webサイト全体の評価には影響しません。また、インタースティシャルかどうかについては、モバイルフレンドリーテストツールでは検知されません。**インタースティシャルを表示するツールなどを導入しているのであれば、少なくともモバイルページでは表示されないようにしておきましょう**。今後の動向によっては、パソコンでの検索にも影響を及ぼす可能性があるため、できれば煩わしいインタースティシャルは表示しないようにするか、妥当なサイズに極力抑えるようにしたほうがよいでしょう。

> ✓ **COLUMN** | **インタースティシャルが評価に影響しないケース**
>
> 以下のようなインタースティシャルは例外的に、Googleの評価には影響しないことが公表されています。
> ・年齢確認など、法律上の必要性に応じて表示する場合
> ・メールサービスのように個人的なコンテンツが含まれる場合や、インデックス登録できない有料のコンテンツなど
> ・画面スペースに対して適した大きさで、かんたんに閉じることができる

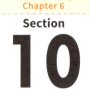

Chapter 6 Section 10

Keyword >> 表示速度 / Googleアナリティクス / PageSpeed Insights

モバイルページの表示スピードを改善する

Webページの表示速度は、パソコンだけでなくモバイルコンテンツでも重要です。一般的なモバイルユーザーの通信環境を考慮に入れて、ページスピードを改善しておきましょう。ここでは、モバイルページの表示速度を改善する手法を解説します。

モバイル向けページの表示速度を改善する

　モバイルファーストインデックスの実施前は、パソコン向けページの表示速度がランキングファクターとなっていました。しかし**モバイルファーストインデックスの実施後は、モバイルページをメインに評価するようになるため、モバイルページの表示速度がランキングファクターとなるでしょう**。対策として、まずはモバイルユーザーに絞って、表示速度が遅いページを確認しましょう。Googleアナリティクスを利用すれば、次の手順で確認できます。

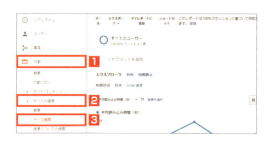

①Googleアナリティクスにログインし、左メニューの「行動」をクリックし**1**、「サイトの速度」**2**→「ページ速度」**3**をクリックします。

②「すべてのユーザー」をクリックし**4**、「セグメント名」の「すべてのユーザー」のチェックを外します**5**。

③「モバイルトラフィック」にチェックを付け**6**、「適用」をクリックします。この操作では、モバイルによるセッション（訪問）に絞り込んで確認するために、「セグメント」という設定を使用しています。

④ ページビュー数とサイト平均との比較を見て、改善が必要なモバイル向けページを確認しましょう。

「PageSpeed Insights」（P.128参照）では、パソコン向けだけでなく、モバイル向けコンテンツの表示速度に関してもアドバイスが表示されます。

▼PageSpeed Insightsでの分析結果

Chapter 6
Section 11

Keyword >> モバイルページ / Chrome / ユーザー行動

モバイルページのレイアウト表示を確認する

モバイル対応施策を行ったあとには、必ず「レイアウトがずれていないか」などの検証を行いましょう。スマートフォンを持っていない場合は、Chromeの機能を使うと便利です。

Chromeで正しく表示されているかを確認する

① WebページをChromeで表示し、右クリックして「検証」をクリックします■。

② 「Elements」の左隣のアイコンをクリックします■。

③ ドロップダウンリストからデバイスを切り替えて、疑似的に表示を検証することができます■。

> ✓ COLUMN　ユーザー行動の変化を確認する
>
> Webサイト全体でモバイル対応を行った場合には、一定期間経過後に、実施前と実施後のユーザー行動の変化も確認しましょう。Googleアナリティクスで「ユーザー」の「概要」をクリックして、「モバイルトラフィック」のセグメントを指定します。日付の箇所をクリックして「比較」にチェックを付け、実施日を基準に一定期間で実施前と実施後を比較すると、改善の度合いを確認することができます。

Chapter 7

優れたコンテンツを目指すためのテクニック

コンテンツ

検索結果でライバルサイトよりも上位に表示されるためには、何よりも質の高いコンテンツが必要です。Chapter 7では、ターゲットとなるクエリの決め方や、コンテンツの作成方法について解説します。

Chapter 7
Section 01

Keyword >> コンテンツの質 / トピック / 情報の幅 / 情報の濃さ / 独自性

SEOで大切なコンテンツの「質」とは？

質の高いコンテンツは、ランキングだけでなく、その後のユーザー行動にも影響を与えます。しかし、具体的にランキングに影響する箇所について、Googleが公表することはありません。ここでは質の高いコンテンツ作成について考えてみましょう。

トピックを意識してコンテンツの質を上げる

検索結果の表示順位を決めるうえでGoogleが重要視する要素としては、**「検索クエリの意図にマッチしたコンテンツ」**、**「質の高いコンテンツ」**、**「自然獲得の被リンク」**などがあることはすでに説明しました。しかし、「質の高いコンテンツ」とは具体的にどのようなものを指すのかは曖昧であり、人によって理解にバラツキがあります。ここでは、主にブログ記事を作成する際のポイントを解説します。

まずは**「トピック」**について理解しましょう。トピックとは、見出しとそれを説明する文章、画像、動画、参照リンクなどを含む1つの塊のことです。ブログで記事を書く場合、ページのコンテンツは複数のトピックで構成されることが多いでしょう。

コンテンツ作成においては、「検索ニーズがある」ということが大前提になります。クエリの検索ニーズが一定以上あれば、そのクエリをテーマにユーザーの意図とマッチするコンテンツを作成します。この際に重要となる要素が、「質」です。「質」を上げるためには、次のようなポイントを考慮します。

- ライバルよりも広い範囲のトピック（**情報の幅**）
- ライバルよりも専門的で詳しいトピック（**情報の濃さ**）
- ライバルにはないオリジナルの情報を含むトピック（**独自性**）

▼ブログの構成例

ライバルより広い範囲のトピック（情報の幅）

　情報の幅を広げるためには、**一つの物事を説明する場合でも、そのクエリに関して幅広いトピックで解説する**ことを心がけましょう。たとえばフットサルシューズを扱うECサイトの場合、ライバルのコンテンツでは商品の特徴や価格までしか記載されていなければ、これらのトピックは当然含めたうえで、購入者の評価やコメント、適切なシューズの選び方まで記載します。ユーザーが気になるトピックは網羅したうえで、差別化を図りましょう。ただし、幅が広すぎるとテーマがぼやけてしまうこともあるため、ユーザー目線で必要なトピックについて考える必要があります（P.196〜199参照）。

ライバルよりも専門的で詳しいトピック（情報の濃さ）

　トピックを幅広く網羅しても、それぞれのトピックの内容が薄ければ、単なる用語集のようなものになってしまいます。**各トピックの内容はライバルよりも詳しく、そしてユーザーにとってわかりやすく**なるように心がけてください。

ライバルにはないオリジナルの情報を含むトピック（独自性）

　幅広いトピックで詳しく解説していても、ライバルのコンテンツと差別化できなければ、ユーザーからも検索エンジンからも評価されません。**自身のコンテンツにしかない、オリジナルのトピック**を含めていきましょう。

　具体的には、企業としての専門的な視点で、ライバルがかんたんには真似できないトピックを含めます。たとえば、業界全体の事実を述べたうえで、自社製品やサービスの場合の例を示したり、独自の調査研究データを発表したりといった方法が考えられます。

> ✔ **COLUMN** | **「読みやすい」ことが大前提**
>
> 上記の要素のほかに、「正しい文法」、「読みやすいレイアウト」を考慮することも重要です。せっかくトピックを意識したコンテンツを作成しても、読みにくく途中でページを離脱されてしまっては意味がありません。ユーザーのことを第一に考え、ライバルよりも優れた価値を提供できるように、コンテンツのアイデアを練っていきましょう。

Chapter 7 優れたコンテンツを目指すためのテクニック

コンテンツ

173

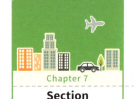

Chapter 7
Section 02

Keyword >> 最新情報 / ニュースサイト / コンテンツの質と量

コンテンツの質と量を意識する

ブログでSEOを行う場合には、ある程度の量のコンテンツ（ページ数）は必要です。しかし実際には、量ばかりを求めて肝心の質がおろそかになってしまうWebサイトも珍しくありません。ここでは、質と量の考え方について解説します。

 ## 質より量、速報性が重要なニュースサイト

　頻繁に情報が更新される分野のWebサイトでは、それなりの量のコンテンツが必要です。常に最新情報が求められるニュースサイトなどは、その代表格であるといえます。

　Googleでは、ニュース検索機能が用意されているほか、クエリによっては「トップニュース」枠が表示され、関連するニュースが表示されます（下の画面）。特定の分野のニュースや新着情報を求めるユーザーは「新しい情報をすぐに知りたい」という意図でニュースサイトを訪問します。そのため、ほとんど更新されていないようなサイトであれば次回から訪問することをやめてしまうでしょう。もちろん記事の質は重要ですが、この場合はすばやく掲載することのほうが重要です。

　ただし、ニュースサイトやこのような性質を持つ情報を扱う企業は限られています。**一般の企業がブログを活用してSEOを行う場合には、量よりも質のほうが重視されます**。

▼トップニュースの枠表示の例

検索エンジンユーザーは質を重視

　検索エンジンとニュースサイトでは、ユーザーの利用目的が異なります。最新ニュースをチェックする場合はニュースサイトが、何かを漠然と調べる際には検索エンジンが利用されます。そのため検索エンジンからWebサイトを訪れるユーザーは、専門用語などを含めて体系的にわかりやすく解説されたコンテンツを好みます。たとえば、そのテーマの全体像が理解できるような記事や、時間をかけて調査したオリジナルのコンテンツなどは、検索エンジンやユーザーからの評価を得られます。さらにWebサイトやSNSで参照されたり、シェアされたりすることで、多くの人に見てもらうことができ、評価が広まっていきます。

　一方で、昼食の写真や社員のお土産を紹介している日記のような、企業の専門性とは関係のないコンテンツを量産しても、評価は上がりません。**内容の薄いコンテンツを日々更新するよりも、時間をかけてユーザーの知りたい情報や、専門性を活かしたコンテンツを作成するほうが有意義です。**

　ただし、量を気にしなくてもよいということではなく、たとえばブログのコンテンツが1ページしかないと、何についてのWebサイトなのか評価しづらいため、ある程度の量は必要です。とくに企業ブログを立ち上げたばかりの頃は十分なコンテンツがないため、少しずつでも質の高いコンテンツを増やす努力をしましょう。すでに内容の薄いコンテンツが大量にある場合は、過去のコンテンツを見直して、質を高めていきましょう。「コンテンツの質と量はどちらが重要か？」という問いについては、質の高いコンテンツを、地道に増やしていくのが正解です。

▼コンテンツの質と量

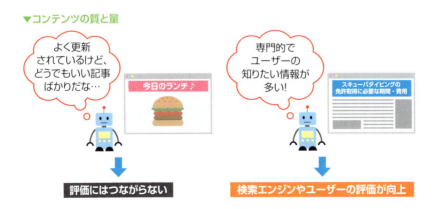

Chapter 7
Section 03

Keyword >> サイト構造 / トップページ / 商品ページ

商品ページやトップページの役割を知る

ユーザーがWebサイトを訪問する目的は、情報収集や商品購入、購入後のサポートなどさまざまです。サイト運営者の側は、ユーザーの目的に合わせて適したコンテンツを準備する必要があります。

 ## Webサイトの構造と役割

SEOに取り組むほとんどのサイトの運営者には、商品やサービスを「売りたい」という目的があるため、トップページや商品ページを上位表示させたいと考えるかもしれません。しかし、**トップページや商品ページはSEO向きではありません**。

固有名詞ではなく一般的な検索クエリで、品ぞろえ豊富なECサイトを抑えて上位表示させるのは至難の技です。大手ECサイトや、幅広く地域の情報をまとめたサービスと対抗するには、**情報収集目的のクエリに対して、自社ブログなどを活用してSEOを行うという考え方もあります**。トップページや商品ページには、商品選定段階のユーザーに対して利便性を考慮し、SEO目的というよりは購入や導入を後押しする情報を揃えてスムーズに成果につなげましょう。

▼ユーザー行動に合わせたサイト設計

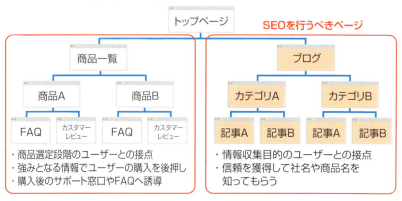

トップページや商品・サービスページで考慮するポイント

トップページは、ブラウザーに直接URLを入力して訪問される場合や、メールの署名欄に書かれたURLをクリックして訪問される場合などに、最初に表示されるページです。検索エンジン経由の場合は、一般的には社名や店名で検索した際の入り口のページとなります。

SNSや外部サイトのリンク経由でのアクセスや、情報収集目的のクエリでの検索の場合には、ブログ記事が入り口となり、最初の接点になることもあります。ブログ記事が最初の接点となるユーザーは、ブログの書き手（会社）に興味を持ち、社名や事業を調べるためにトップページにアクセスするかもしれません。

▼ブログからトップページへの流入も期待できる

トップページは、サイト内にどのようなページがあるか、どんな商品やサービスを提供しているのか、などの情報がすぐに見つかるように、全体像を把握しやすいページ構成やナビゲーションを意識しましょう。ユーザーに伝えたい情報や新着情報を掲載できる場所も必要です。

商品・サービスページは、購入目的で商品名や型番を検索する場合や、トップページからのリンク経由、プロモーション目的で送ったメールのリンク経由などでアクセスされます。購入を考えている人や商品選定段階のユーザーが集まるため、価格やスペックなど、ライバルとの比較に必要な情報を揃えておきましょう。商品やサービスの導入事例やケーススタディー、レビューやキャンペーンなどの情報は、購入のあと押しとなるでしょう。

豊富な商品を取り揃えるECサイトでは、わかりやすいカテゴリー名で分類することも大切です。SEOも考慮する場合は、ユーザーが使用するクエリを調査したうえで、よく検索されそうな単語をカテゴリー名に含めておきましょう。

Chapter 7
Section 04

Keyword >> ブログ / インフォメーショナルクエリ / トランザクショナルクエリ / ECサイト

ブログ活用に適した ケースを知る

ブログといっても、その日起きたことを数行の感想にして公開しても、ユーザーや検索エンジンからは評価されません。自社の専門分野に関連するテーマで、ユーザーの疑問や悩みを解決する場所として、ブログを活用しましょう。

 ## インフォメーショナルクエリに応えるブログ運営を

P.176で、一般的なキーワードで商品ページやトップページを上位表示させることは難しいと述べましたが、その理由はユーザーの立場でイメージするとわかりやすいかもしれません。たとえば、**情報収集目的で検索しているのに、検索結果に商品ページばかり表示されるようであれば、使いやすい検索エンジンとはいえません**。そうならないように、Googleはユーザーの意図を理解して、必要な情報を検索結果に表示させます。

これは、購入の意図が強いトランザクショナルクエリ（P.56参照）を狙ってSEOを行う場合でも同様です。特定のブランド商品を購入する目的であれば、その商品名を検索して、詳細がわかるページを探します（購入者のレビューがあれば見たいと思うでしょう）。

▼商品選定段階の検索クエリに対するSEO

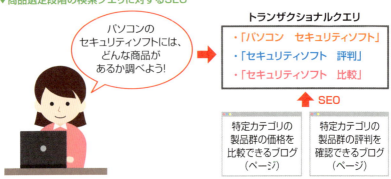

178

まだ商品名すら知らない選定段階であれば、「○○　評判」、「○○　価格」などのようなクエリで、複数の商品のスペックや価格、評判を比較して選ぶことが多くなります。そのため、**特定の分野で偏りなく多数の商品を取り扱うECサイトや比較サイトなどが、評価される傾向**にあります。

　このようなトランザクショナルクエリでは、SEOに向いているWebサイトと、SEOが難しいWebサイトとに分かれます。たとえば、多数の商品を扱う規模の大きなECサイトや、特定のメーカーに偏らず多くの商品を実際に使ってレビューを行うアフィリエイトサイトなどでは、ユーザーが求める情報を提供しやすいでしょう。

　一方で、少ない点数の自社商品のみしか扱えないメーカーサイトの商品ページでは、トランザクショナルクエリにこたえるコンテンツを作成することは難しいでしょう。SEOのために、無理に競合商品と比較することはビジネスモラルの面で難しいでしょうし、せっかく商品ページに訪れたユーザーに対して、わざわざ競合を宣伝することにもなってしまいます。このような場合は、SEOよりもむしろ即効性のあるリスティング広告のほうがおすすめです。

　もともと、検索エンジンは購入目的での検索に比べて情報収集目的での利用が多いため、**情報収集目的のクエリにマッチするコンテンツを正しく作成することで、より多くのユーザーと接点を持つことができます**。「○○の方法」、「○○のやり方」、「○○とは？」といった情報収集目的のクエリに対しては、答えや知識、詳しい解説を提供するコンテンツを作成することで、ターゲット層との接点を増やすことができます。

▼情報収集目的の検索クエリに対するSEO

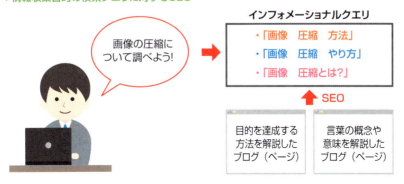

Chapter 7
Section 05

Keyword >> ブログ / サブディレクトリ / サブドメイン / 新規ドメイン

ブログを活用して価値ある情報を提供する

最近では企業のWebサイトでも、ユーザーが求める情報を提供する手段としてブログを活用するケースが増えてきています。企業の専門性を活かして価値ある情報を提供できれば、ブログを活用したSEOはプロモーション手段の1つとなるでしょう。

 ## ブログの設置場所

WordPressなどのCMSと呼ばれるシステムを利用すると、かんたんにWebページを作成・管理することができます。最近では、手軽にWordPressをインストールできるレンタルサーバーなどもあります。一方で、細かなデザインや機能面のカスタマイズを行うには、サーバーやPHPなどの知識が必要となり、自社に専門のスタッフがいない場合は、Web制作会社に依頼する必要があります。

今あるWebサイトはそのままの状態で、新たにブログを導入する場合には、新規ドメインはもちろん、サブディレクトリ、またはサブドメイン上にブログを公開することができます。

サブディレクトリでブログを運営する

トップページを「example.com」とした場合に、「blog」のようにサブディレクトリで区切る方法です（下記の図を参照）。ユーザー視点で見たときに、ブログが企業サイトの一部だと認識しやすく、わかりやすい構成だといえるでしょう。

▼サブディレクトリにブログを置いた構成例

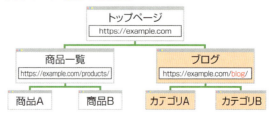

サブドメインでブログを運営する

　Webサイトのトップページとは別に、ブログのトップページを「blog.example.com」のようにサブドメイン上で運営する方法です。ユーザーからは**企業サイトの一部だということはわかりますが、別事業だと認識されるかもしれません**。Googleからは、どちらも同じドメインのページとして認識されます。Googleアナリティクスで別サイトとして管理したい場合には、サブディレクトリよりもサブドメインのほうが設定はかんたんでしょう。サブディレクトリと比べて、SEOで大きな差はないため、管理しやすい方法を選択しましょう。

▼サブドメイン上でのブログ運営例

新規ドメイン

　Webサイトのドメイン（example.com）とはまったく関係ないドメインを新たに取得する方法です（例ではexampleblog.com）。ユーザー目線では**ドメインが異なるため、まったく別のWebサイトと認識される可能性があります**。検索エンジンからも当然、新規のWebサイトとして扱われます。

▼新規ドメインでのブログ運営例

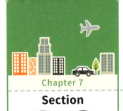

Chapter 7
Section 06

Keyword >> 検索クエリ / ビッグワード / 複合キーワード / 検索ボリューム

使用される単語数による検索クエリの特徴

ユーザーが使用する検索クエリは、単語の数が多いほど意図が明確になります。一般的に、検索ボリュームの多い1単語のクエリを「ビッグワード」と呼び、複数の単語の組み合わせのことを「ミドルワード」、「複合キーワード」などと呼びます。

ビッグワードの特徴

検索ボリュームの多い検索クエリを「**ビッグワード**」と呼びます。明確な定義はありませんが、「SEO」「花」「水」といった1単語のクエリは、ビッグワードと呼ばれます。Google Adwordsの「キーワードプランナー」で月間検索ボリュームを調べてみると、規模の大きなクエリであることがわかります。ビッグワードには、以下のような特徴があります。

1つ目は、**ユーザーの検索意図が特定しにくい**という点です。検索意図を判断しづらいため、マッチするコンテンツを作ることも困難です。たとえば「花」というクエリの場合、図鑑のようなサイトを探しているか、通販サイトを探しているかはわかりません。2つ目は、検索結果がさまざまな検索意図を想定したものになる、そしてそれに対応できる、**多様性を網羅したコンテンツが優遇される**傾向がある、という点が挙げられます。最後に、「**ライバルの多さ**」です。ビッグワードでは、知識や経験が豊富なライバルが多く、1ページ目に表示されなければ集客に結びつかないので、ライバルと10位までの位置を熾烈に争う形になります。

▼キーワードプランナーで見たビッグワードの検索ボリューム（2017年5月時点）

キーワード（関連性の高い順）	月間平均検索ボリューム	競合性	推奨入札単価	広告インプレッションシェア	プランに追加
seo	1万〜10万	中	¥560		
花	10万〜100万	低	¥104		
水	1万〜10万	低	¥142		

複合キーワードの特徴

「内部 SEO」や「水 一日 摂取量」など、2～3単語（またはそれ以上）の組み合わせによるクエリを、「**複合キーワード**」や「ミドルワード」などと呼びます。また、ビッグワードを軸にした複合キーワードのことを「テールワード」と呼ぶこともあります。複合キーワードには、次のような特徴があります。

1つ目は、「**検索意図が絞り込まれて明確**」である点です。単語の数が多いほどユーザーの意図が明確になり、コンテンツも作成しやすくなります。

2つ目は、「**ユーザーの意図にマッチした、ライバルより優れたコンテンツが評価される**」点です。ユーザーの意図にマッチしたコンテンツを制作し、満足してもらえる情報を提供しましょう。

最後は、「**検索ボリュームが少なくライバルも少ない**」点です。複合キーワードではもちろん、ビッグワードよりも検索の規模が小さくなります。しかしその分、ライバルも少ないというメリットがあります。

▼複合キーワードの検索ボリューム（2017年5月時点）

キーワード（関連性の高い順）	月間平均検索ボリューム	競合性	推奨入札単価	広告インプレッションシェア	プランに追加
水 アレルギー	1,000～1万	低	－		≫
seo タイトル 文字数	100～1,000	低	－		≫
内部 seo	100～1,000	低	¥402		≫
水 一日 摂取 量	100～1,000	低	－		≫
インプラント 安全 性	10～100	高	¥213		≫

初めてSEOに取り組むのであれば、ライバルの少ない複合キーワードを狙い、ニッチな部分で自社の専門性を活かせるコンテンツを作成することをおすすめします。まずは、複合キーワードで着実に集客を向上させ、少しずつトピックの幅を広げてコンテンツを増やしていくとよいでしょう。ビッグワードは、コンテンツが十分に増え、検索エンジンの評価が高まってからでも遅くはありません。

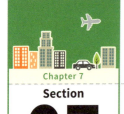

Chapter 7
Section 07

Keyword >> ロングテールSEO / 複合キーワード / ニッチ / トピック

ロングテールSEOでアクセスUPを目指す

「検索ボリュームは小さいが、ライバルの少ないニッチなキーワード」を狙うことを、「ロングテールSEO」といいます。とくにSEOを始めたばかりの頃はおすすめの手法で、着実に成果を積み重ねていくことができます。

 ## ロングテールSEOとは？

　実際の店舗では在庫のリスクを嫌うため、あまり売れない商品が店頭で陳列される機会は多くありません。しかしWebサイトではスペースの制限がないため、取り扱うすべての商品を販売することができます。品数の多いECサイトでは、**1商品あたりの売り上げが小さくても、それらを合計した売り上げはメイン商品を上回る**という傾向があります。これを「ロングテール理論」といいます。

　横軸を商品、縦軸を売り上げとしてグラフを恐竜に見立てると、メイン商品が恐竜の頭に当たり、売り上げの少ない商品群は尻尾のように長くなります。尻尾に着目して、「ロングテール」と呼ばれるようになりました。これをSEOに当てはめたのがロングテールSEOで、個々の複合キーワードの集客は小さくても、テール部分を積み重ねると大きな規模になります。ロングテールSEOでは、1ページあたり1つの複合キーワードにトピックを絞ってコンテンツを作成します。

▼検索クエリによる集客分布

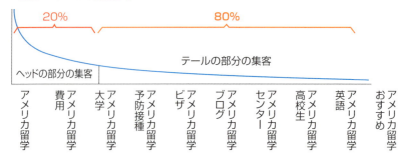

ロングテールSEOの注意点

　ロングテールSEOではニッチなキーワードを扱うため、検索される機会は多くありません。しかしその分、直接そのキーワードを狙うライバルが少なく、"ちりも積もれば山となる"ように、地道に集客に結びつけていくことができます。

　また、1ページあたりの集客力が小さいため、ある程度のページ数が必要となります。そのため手間を嫌って質の低いコンテンツを量産したり、コンテンツの中身はほぼ同じで特定の箇所だけを変えて複製するスパムテクニックも、しばしば見られます。Googleはこのようなスパムを見分けることが得意で、評価されることはありません。ユーザーに満足されるコンテンツを作成しましょう。

ロングテールSEOのデメリット

　はじめのうちは、ロングテールSEOで着実に集客を積み重ねていきましょう。ただし、ロングテールSEOにもデメリットや苦手な面があります。

- コンテンツが多くなるとメンテナンスに手間がかかる
- ビッグワードやミドルワードで上位表示されにくい
- 似たようなトピックのコンテンツが増えると評価が分散する
- 長期的には扱うトピックのネタ切れが発生する
- 長期的には過去のコンテンツが埋もれていく

　ページ数が膨大になれば、どのページに何を書いたかが把握しにくくなります。各ページの内容はニッチとなるため、ミドルワードやビッグワードを狙うには、ページで扱うトピックの幅を広げていく必要があります。ロングテールSEOである程度まで集客できるようになったら、よりライバルが多く、検索規模の大きなミドルワードやビッグワードを狙っていくことも視野に入れていきましょう。

▼徐々にビッグワードを視野に入れていく

Chapter 7
Section 08

Keyword >> ビッグワード / 多様性 / 検索意図 / コンテンツ

ビッグワードを意識したコンテンツを作成する

ビッグワードは検索クエリの単語数が少なく曖昧なため、検索意図を1つに絞り込むことができず、どのようなコンテンツを作成すべきか悩むかもしれません。ここでは、ビッグワード向けのコンテンツ作成のヒントとなる考え方を紹介します。

 ## 検索結果の多様性

ビッグワードでは、ユーザーの検索意図を1つに絞り込めません。たとえば「花」という単語の場合、「花の図鑑を見たい」人もいれば、「花を購入したい」人もいるでしょう。**Googleではこのような場合、多様性のある検索結果表示します。**一方、「SEO」という単語で検索した場合、上位のページにはSEOについて細かく解説しているページや、用語解説ページなどが表示され、SEO業者のトップページなどは表示されていません。**このようなクエリの場合、Googleは多様性を網羅したコンテンツを優遇する傾向があります。**

「花」のケースでは、ショッピングページと図鑑ページは両立が難しいかもしれません。ショッピングページであれば競合よりも豊富な品揃えや使いやすいページ設計を考慮したり、図鑑のページであれば誰よりも豊富な種類の花について、詳しい情報を提供するなどの工夫が必要となるでしょう。

▼「花」の検索結果

花に関する通販サイトや「花」の情報サイトなどが、検索結果に表示されます。

さまざまな検索意図に対応できるコンテンツを作成する

「SEO」のようなクエリでは、情報を体系的に解説したコンテンツが優遇される傾向があります。たとえば「アメリカ留学」というクエリを例に、コンテンツの作り方を比較してみましょう。「アメリカ留学」というクエリと関連して検索されるクエリには、以下のようなものもあります。

> 「アメリカ 留学 大学」、「アメリカ 留学 安全」、「アメリカ 留学 費用」、
> 「アメリカ 留学 アパート」、「アメリカ 留学 ビザ」、
> 「アメリカ 留学 アルバイト」、「アメリカ 留学 持ち物」

ビッグワードを意識したコンテンツを作る場合には、「アメリカ 留学」と関連して検索される複合キーワードを調べ、できるだけ多くの検索意図に対応できるコンテンツを作ります。下の図のケースでは、①の方法です。

ロングテールSEOの場合には、複合キーワードごとにページを分けてコンテンツを作成します。下の図のケースでは②の方法です。

1ページ内に複数の検索意図に対応できるコンテンツを作成することで、ユーザーが知りたい情報にすばやくアクセスでき、関連する情報も取得できます。基本的な考え方は、複合キーワードであってもビッグワードであっても同じです。ユーザーの意図にマッチし（ビッグワードなら多くのユーザーの意図を網羅）、利便性が高く、質の高いコンテンツを作成していきましょう。具体的なコンテンツ作成手順は、次節より解説していきます。

▼検索クエリによりコンテンツの構成を使い分ける

①トピックを1ページに集約

| アメリカ 留学 大学 |
| アメリカ 留学 安全 |
| アメリカ 留学 費用 |
| アメリカ 留学 アパート |
| アメリカ 留学 ビザ |
| アメリカ 留学 アルバイト |
| アメリカ 留学 持ち物 |

②トピックごとにページを分ける

アメリカ 留学 大学	アメリカ 留学 安全
アメリカ 留学 アルバイト	アメリカ 留学 アパート
アメリカ 留学 費用	アメリカ 留学 持ち物
アメリカ 留学 ビザ	

Chapter 7
Section 09

Keyword >> ブログ / テーマ / ターゲット / キーワードの軸 / ニッチ

ターゲットを明確にしてブログのテーマを決める

ブログで扱うテーマを広げすぎると、専門性がぼやけてしまい、検索エンジンにとっても文脈の理解に時間がかかるかもしれません。ブログを運営する際には、最初はあまりテーマを広げすぎず、ニッチなテーマから始めることをおすすめします。

ターゲットを明確化する

SEO目的でコンテンツを作成する場合、「Googleがどのように判断するか」ばかりを考えてしまいがちです。たとえ検索ボリュームの多いクエリであっても、**そもそもターゲットではない層が検索している場合もあります**。また、ターゲットを意識せずに作成したコンテンツでは、成果には結びつきません。ターゲットを明確にして、読み手を意識した親切なコンテンツを作成しましょう。ターゲットの設定では、次のようなポイントを確認します。

商品やサービスを導入して欲しい顧客像を具体化

個人向けの商品であれば年齢や性別、企業向けであれば部門や役職など、ほかにもさまざまな属性が考えられます。

既存顧客のデータを参考にする

可能であれば、既存顧客やアプローチしたい層へのヒアリングを行い、購買前の情報収集段階で抱えている悩みや商品選定基準などを洗い出します。

このような分析を通してターゲットを明確にすれば、ターゲットが使用しそうなクエリや検索に至った背景を推測し、読み手を意識したコンテンツを作成することができます。集客だけが成果ではありません。「読者が満足するコンテンツかどうか」や「読者がコンテンツを見たあとどのような行動をとるか」までを想定して、ブログを運営しましょう。

軸となるキーワードからブログのテーマを決める

　まずは、ターゲット層が抱えている悩みや疑問を解決するための検索クエリや、商品選定時に使用する検索クエリを推測してみましょう。フットサルシューズのメーカーであれば、「フットサルシューズ」をキーワードの軸として、「フットサルシューズ おすすめ」、「フットサルシューズ 選び方」などのキーワードで検索されたいと思うでしょう。これらのクエリに対応するコンテンツをブログで扱う場合、軸となるキーワードは「フットサルシューズ」となり、最初のうちはフットサルシューズに絞ったテーマで、コンテンツを作成していくとよいでしょう。

　いきなり「フットサルのボール」や「戦術」といったテーマまで幅を広げようとすると、それぞれのコンテンツが薄くなり、専門性がぼやけてしまいます。Googleは「どんな種類のWebサイトなのか」ということも考慮してページの文脈を理解するため、テーマが広いと内容の理解に時間がかかる可能性があります。==最初から広範囲のテーマを扱うのではなく、専門性を活かしたニッチなテーマから始めていくようにしましょう==。

テーマ内のコンテンツを充実させる

　==ニッチなテーマで質の高いコンテンツが増え、その分野の専門家として知られるようになってきたら、徐々にテーマを広げていきましょう==。たとえばフットサルの選手向けに「フットサル戦術」というテーマでコンテンツを作成すると、それまでとは異なるユーザー層との接点が増えるかもしれません。

　ただし、テーマを広げ過ぎるとメンテナンスの手間が増えます。前述の例でいえば、シューズに関する新しい技術の発表があった場合に、コンテンツの情報を新鮮に保たなければ、検索エンジンから「古い情報が掲載されているページ」として判断されます。自身で管理できる範囲のテーマにとどめ、作成したコンテンツの鮮度を保つようにしましょう。

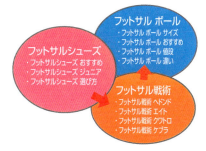

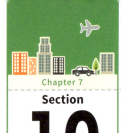

Chapter 7
Section 10

Keyword >> オートコンプリート / 関連キーワード取得ツール / サジェスト

ユーザーが実際に使用しているクエリを調査する

誰も検索しないようなクエリを意識してコンテンツを作成しても、検索される機会は増えません。検索クエリをもとにコンテンツを作成する場合には、実際に検索されるクエリのパターンを、事前に調べておきましょう。

Googleでサジェストされるクエリを調べる

　Google検索には、検索キーワードを途中まで入力すると自動的に候補のキーワードを提示してくれる、「オートコンプリート」という機能があります。たとえば「フットサルシューズ」のあとにスペースと「あ」を入力すると、あ行のキーワードの検索候補が表示されます。この検索候補は、「入力中のキーワードに関連するものや、他のユーザーが検索しているキーワードで、検索キーワードとして使用できるもの」(https://support.google.com/websearch/answer/106230/) が提示されます。つまり、**オートコンプリート機能で表示されるのは、少なくとも検索されたことのあるクエリ**であることがわかります。

　ただし、検索候補を調べるために実際に「あ」〜「ん」まで入力していては手間がかかります。そこで、これらの「あ」〜「ん」、「a」〜「z」、「0」〜「9」までの検索候補の一覧を抽出してくれる**関連キーワード取得ツール**」(http://www.related-keywords.com/) を利用し、キーワードリストを抽出します。このようなツールはほかにもあり、「サジェスト　ツール」や、「関連キーワードツール」で検索すると類似のツールを見つけることができます。

▼オートコンプリート機能

サジェストキーワードからクエリの傾向を読み取る

軸となるワード（ビッグワード）「フットサルシューズ」

　検索意図が曖昧で、さまざまな意図のユーザーがサイトを訪れます。ターゲットを絞りにくいという特徴があります。商品の購入よりも情報収集目的のユーザーが多く、<mark>上位表示を狙うライバルも多い難易度の高いキーワードだといえます</mark>。

メーカー名とセットのワード　「フットサル シューズ ナイキ」など

　具体的なメーカー名で商品を探す際に使用される、どちらかといえばトランザクショナルの傾向が強いクエリです。

地域名とセットのワード　「フットサル シューズ 大阪」「フットサル シューズ 店舗」

　指定した地域、または検索している地域でフットサルシューズを扱う店舗を探す際に使用されるワードです。トランザクショナルの傾向が強く、地域色の強いクエリです。

店舗名とセットのワード　「フットサル シューズ amazon」

　その店舗でフットサルシューズを探す際に使用されるクエリです。ナビゲーショナル、トランザクショナル両方の傾向が強いクエリです。

色とセットのワード　「フットサル シューズ 黒」

　特定の色のフットサルシューズを探す際に使用するクエリ、トランザクショナルの傾向が強いクエリです。

情報収集のワード　「フットサル シューズ 寿命」「フットサル シューズ 違い」

　そのワードについての情報を調べるためのクエリで、インフォメーショナルクエリです。

　ほかにも、性別やサイズ、価格などとセットで検索されることが多いようです。サジェストキーワードを調べることで、そのクエリが「どのようなパターンで使用されているか」、「何を調べようとしているか」といった傾向を把握できます。

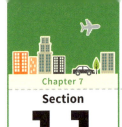

Chapter 7
Section 11

Keyword >> キーワードプランナー / Google AdWords / ターゲット設定 / 月間平均検索ボリューム

キーワードプランナーでキーワードを選定する

Google AdWordsのキーワードプランナーを利用すれば、検索規模の目安となる月間平均検索ボリュームを調べることができます。初期設定では、入力したキーワードとそれに類似するパターンで、12カ月間の範囲で検索された月間平均検索数が表示されます。

検索規模の目安となる検索ボリュームを調べる

①Googleにログインしている状態でGoogle AdWordsにログインし、上部メニューの「運用ツール」1→「キーワードプランナー」2をクリックします。

②「検索ボリュームと傾向を取得」をクリックします3。

③関連キーワード取得ツール（P.190参照）で調べたキーワードリストをすべてコピーし、「オプション1: キーワードを入力」の入力枠内にすべて貼り付けます4。

192

④ ターゲット設定が「日本」、「Google」となっていることを確認し5、「検索ボリュームを取得」をクリックします6。

⑤ しばらくすると、それぞれのキーワードの月間平均検索ボリュームが表示されます7。

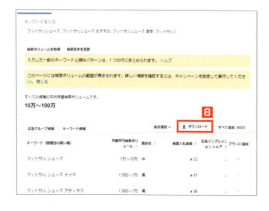

⑥「ダウンロード」をクリックし8、キーワードのリストとして保存しておきましょう。このキーワードのリストをもとに、コンテンツを作成していくことになります。

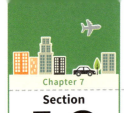

Chapter 7 Section 12

Keyword >> キーワードプランナー / 検索ボリューム / キーワードリスト

コンテンツ作成のプランを練る

前節の操作では、検索ボリュームを調べてキーワードのリストを保存しました。保存したキーワードの月間平均検索ボリュームについては、ある一定以上の費用を投下しているAdWordsの広告主の場合は、より細かいデータが表示されます。

 検索ボリュームが小さいものはリストから省く

　キーワードプランナー（P.192参照）では、広告を出さずにSEO目的のみで使用している場合には、「月間平均検索ボリューム」には「1,000〜1万」や「1万〜10万」という大まかな値が表示されます。Google AdWordsで広告を出稿していれば、詳細な検索ボリュームの数値を取得することができます。検索ボリュームはあくまで目安ですが、社内で広告運用実績のあるGoogle AdWordsアカウントを利用すれば、詳細なデータが表示されるため、コンテンツの優先度を判断しやすくなります。

▼キーワードプランナー

広告を出稿していないと、大まかな数値のみが表示される

　P.193で保存したキーワードリストの検索ボリュームの中には、ほとんど検索されないようなキーワードも含まれています。検索ボリュームがまったくない（-）のは、規模の小さなキーワードです。検索ボリュームが小さくても成果に結びつきやすいものもありますが、**始めのうちはそのようなキーワード探しに時間をかけるよりも、ある程度の規模のクエリにマッチするコンテンツをしっかり作成していくほうが効率的**です。

キーワードリスト精査のポイント

あきらかに狙う必要のないクエリは削除する

たとえば「○○ 英語」というキーワードは、「○○という言葉に対応する英単語を調べる」という意図で、「○○ イラスト」は「○○に関する画像素材を探す」という意図で使用されるケースが多いため、想定するターゲット層が使用するクエリではない場合が多いです。

意味の不明なクエリは検索して調べる

キーワードからは検索意図を推測できないケースもあります。その場合は、実際にGoogleで検索してみましょう。たとえば、「アメリカ　留学　予防接種」というクエリの意図はどのようなものだと思いますか？

実際に検索結果に表示されるコンテンツの傾向を見ることで、クエリの意図がわかります。アメリカの大学に留学する際には、事前に予防接種を受け証明書を作成する必要があります。これらの手続きや注意点がまとめられたWebページが、上位表示されていることがわかります。

このようにして精査されたキーワードリストは、今後ブログで作成するコンテンツのトピックリストとなります。このタイミングでリストアップしたキーワードを検索順位チェックツールに登録しておけば、作成したコンテンツの表示順位を日々確認していくことができます。

▼キーワードリストを精査する

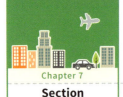

Chapter 7
Section **13**

Keyword >> キーワード / トピック / 検索意図 / サジェスト

コンテンツに含めるトピックを分類する

作成したキーワードリストは、今後ブログで作成するコンテンツのトピックリストと考えます。ここからは実際にキーワードを1つ選んでコンテンツ作成にとりかかりましょう。急ぐ必要はありません。時間をかけてコンテンツの品質を高める方が大切です。

 ## キーワードを1つ選び、検索ユーザーの意図を推測する

　まずは、P.193でダウンロードしたリストの中から、キーワードを1つ選択します。実際にユーザーが入力するクエリとして、その意図を理解したうえで、ユーザーが満足するコンテンツを作成していきます。たとえば「フットサルシューズ 選び方」というクエリでは、以下のような意図が考えられます。

- フットサルシューズの種類が知りたい
- そもそもランニングシューズではダメなのか知りたい
- サッカーシューズとの違いも知りたい

　実際に、体育館などの屋内と、人工芝の屋外フットサルコートとでは機能が異なります。フットサルでは足を踏まれることもあるため、耐久性も必要です。このような意図を以下のようにトピックに分類して、疑問を解決できるコンテンツを作成していきましょう。コンテンツのテーマは「フットサルシューズの選び方」です。

- フットサルシューズの種類や特徴、価格
- 屋内／屋外の違いについて
- ほかのシューズがフットサルに適していない理由
- サッカーシューズとフットサルシューズの違い

　この場合、自分で考えたトピックは4つです。しかしこの段階でいきなりコンテンツを作成せずに、検索ユーザーの意図がほかにないかを調べましょう。

ツールやサービスを使ってユーザーの意図を調べる

次に、関連キーワード取得ツールを使ってサジェストされる検索候補がないか確認しましょう。「フットサル シューズ 選び方」で調べると「フットサル シューズ 選び方」と「フットサル シューズ 選び方 サイズ」の2つが表示されます。

▲関連キーワード取得ツール

この結果から、**「フットサルシューズのサイズの選び方を知りたい」という意図をカバーするトピックが、コンテンツには含まれていないことに気がつきます**。そこで、「自分の足に合ったタイプのシューズや適切なサイズの選び方」というトピックも、コンテンツに含めるようにします。

このように、サジェストされる検索候補で含められそうなトピックがあれば、コンテンツに追加しておきましょう。このほか、「Yahoo!知恵袋」(https://chiebukuro.yahoo.co.jp/)で「フットサル シューズ 選び方」で検索して、同じような疑問がないか確認するのもおすすめです。

▼クエリを考慮してコンテンツ作成を行う

テーマ：フットサルシューズの選び方

トピック
- フットサルシューズの種類や特徴、価格
- 屋内／屋外の違いについて
- ほかのシューズがフットサルに適していない理由
- サッカーシューズとフットサルシューズの違い
- 自分に合ったタイプのシューズや適切なサイズの選び方

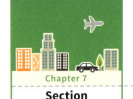

Chapter 7
Section 14

Keyword >> トピック / ライバルコンテンツ / 独自性

ライバルサイトの
トピックを調査する

ここまでの作業では、考えたトピックをもとに、ツールを使ってユーザーが調べているトピックも加えてきました。コンテンツを構成するトピックをより競争力のあるものにするには、ライバルのコンテンツも調べておきましょう。

 ## ライバルのコンテンツを見てみよう

コンテンツの作り方について、ここでは「フットサル シューズ 選び方」のキーワードを例に解説してきています。ここまでの作業では、コンテンツに含めるトピックは次のようになっています。

・フットサルシューズの種類や特徴、価格
・屋内／屋外の違いについて
・ほかのシューズがフットサルに適していない理由
・サッカーシューズとフットサルシューズの違い
・自分の足に合ったタイプのシューズや適切なサイズの選び方

自身のアイデアとユーザーの使用するクエリを調べてきましたが、さらに**ライバルサイトのコンテンツでカバーされているトピックも、確認しておきましょう**。

まずは、コンテンツ作成のために選んだキーワード（ここでは「フットサル　シューズ　選び方」）をGoogleで検索してみます。

▼ライバルサイトのコンテンツを調べる

実際に上位1〜2位のライバルコンテンツを見てみましょう。始めのうちは下の表のように、競合サイトのトピックを箇条書きにしてまとめるとわかりやすいでしょう。**類似するトピックを色分けするなどして、オリジナルのトピックや共通してカバーされているトピックを確認しましょう。**

▼**上位に表示されるライバルサイトのトピックを確認する**

自社ページ	1位	2位
フットサルシューズの種類や特徴、価格	シューズの違い（ソール）	シューズの違い（ソール）
屋内／屋外の違いについて	屋内用と屋外用の違いについて	屋内用と屋外用の違いについて
ほかのシューズがフットサルに適していない理由	つま先のスペース	シューズの違い（アッパー）
サッカーシューズとフットサルシューズの違い	天然皮革と人工皮革	足裏の感覚
自分の足に合ったタイプのシューズや適切なサイズの選び方	甲の高さ	甲の高さ

Googleは、ユーザーの意図にマッチした質の高いコンテンツを評価します。押さえておくべき必須のトピックや、オリジナルのトピックを自身のコンテンツに加えていくことで、**「情報の幅」・「情報の濃さ」・「独自性」**という3つの要素で、ライバルよりも優れたコンテンツに仕上げることができます。ここで調査したトピックで含められそうなものや、それ以外でもユーザーに役立ちそうな、ほかでは扱っていないトピックも加えていきましょう。このあとの作業では、これらのトピックをもとに文章を考え、コンテンツを作成していくことになります。

✓ **COLUMN** コンテンツの独自性

SEOに詳しいスタッフがいれば、このようなライバルコンテンツの調査を通して、似たようなコンテンツを作成できるでしょう。そのため、上記の3つの要素の中でもっとも重要なのは、"独自性"です。メーカーなら技術的な知識を活かしたコンテンツ、販売店なら扱う商材の豊富さを活かした比較コンテンツなど、かんたんには真似できないコンテンツを目指しましょう。

Chapter 7
Section 15

Keyword >> アウトライン / トピック / 見出し

コンテンツ作成のためのアウトラインを用意する

コンテンツを構成するトピックがまとまったら、コンテンツのアウトラインを作成しましょう。複数のトピックを単純に羅列するだけでは、読みにくいコンテンツとなってしまいます。ストーリーを考えて、トピックの構成を練りましょう。

アウトラインとは

コンテンツ作成では、いきなり文章を書くのではなく、まずトピックの順番や章立てを記した「アウトライン」を決めましょう。**アウトラインとは、文章の流れを組み立てる"設計図"**のようなものです。アウトラインを決めずにコンテンツを作り始めると、整理されていない文章になりがちです。P.172で解説した通り、トピックとは見出しや文章、画像などの"1つのコンテンツの塊"ですが、扱うトピックが多い場合は長い文章のコンテンツとなりがちです。

アウトラインを作成するメリットは、**読み手が理解しやすいように、トピックの流れを先に決めることができる**点です。たとえば炒飯の作り方を解説する場合、先に用意すべき食材や調味料を説明してから調理手順を説明したほうが、理解しやすくなります。文章の骨格を先に決めてから文章を書き始めるため、論点がずれにくく、重要なポイントを忘れずに含めていくことができます。

▼アウトラインを決め文章を作成する

アウトライン

美味しい炒飯の作り方
1. 準備する食材
2. おすすめの調味料
3. 必要な下ごしらえ
4. 調理手順
    1. 卵を溶く
    2. 野菜を切る
    3. 具材を炒める
5. 盛り付け
6. アレンジのコツ

美味しい炒飯の作り方
1.準備する食材
2.おすすめの調味料

トピックが整理され、読みやすいコンテンツになる

アウトラインを作成する

　実際にアウトラインを作成してみましょう。アウトラインの作成に使うツールは、メモ帳でもWordでも、何でも構いません。たとえばここまでの作業で考えてきた「フットサル シューズ 選び方」を例にアウトラインを考えると、次のようになります（下の画面は「OneNote」を使って作成したアウトライン）。

▼アウトラインをコンテンツに落とし込む

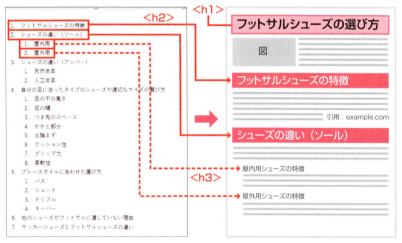

　ユーザーにとってわかりやすい構成とするために、**見出し（HTMLではh1～h6タグ）の、レベルの上げ下げを活用する**と効果的です。たとえば「フットサルシューズの選び方」というコンテンツのタイトルは、HTMLのタイトルやh1タグで使用します。「フットサルシューズの特徴」、「シューズの違い（ソール）」、「シューズの違い（アッパー）」は、HTML見出しのh2に相当する小見出しです。また、h2の「シューズの違い（ソール）」には、「屋内用」、「屋外用」といったHTML見出しのh3に相当する更にレベルの小さな見出しを使用しています。

　このように、トピックをもとにアウトラインを作成することで、ユーザーにも検索エンジンにも理解しやすいコンテンツに近づいていきます。

Chapter 7
Section 16

Keyword >> コンテンツ作成 / アウトライン / トピック

コンテンツ作成の注意点を確認する

作成したアウトラインに沿って、実際にコンテンツを作成していきましょう。コンテンツを作成する際は検索エンジンではなく、ユーザーを意識することが大切です。ここでは、コンテンツ作成段階でのポイントと、注意事項を解説します。

アウトラインに沿ってコンテンツを作成する

アウトラインができたら、実際にコンテンツを作成していきます。トピックの構成要素には、見出し、画像、動画、リンク、箇条書きのリストや表などがあります。

一つひとつのトピックはライバルよりも詳しく

一つのトピックをできるだけ詳しく解説していくことは、「情報の濃さ」に関連します。ライバルサイトよりも詳しくわかりやすい解説を心がけましょう。

画像や写真を適度に使用

テキストだけのコンテンツは、難しそうな印象を与えます。文章だけでは伝わりにくいケースもあるため、適度に画像や写真を盛り込みましょう。

読みやすさにも配慮する

パソコンだけでなく、スマートフォンでの読みやすさも考慮しましょう。文字が小さすぎないか、改行が適度に入っているかなど、実際に表示して確認します。

トピックの順番を整理して、読み手が理解しやすい話の流れを作る

各トピックの説明を羅列するだけでは、話がつながらず読みにくい文章となります。たとえば"餃子の作り方"を解説する場合、先に材料の紹介をしてから、作業手順を解説したほうがわかりやすいでしょう。**トピックとトピックの順序に注意して、スムーズに読み進められるように考慮しましょう**。

売り込み色を出しすぎない

商品の宣伝や広告ばかりが目立つと、押し付けがましく煩わしいと思われてしまいます。トップページや商品ページには、ライバル商品との差別化ポイントやセールスポイントなどを明確に打ち出しますが、**ブログ記事は情報収集目的の検索ユーザーに対して、役立つ情報を提供して信頼を獲得することが目的**です。過度な売り込みは、ユーザーにコンテンツを最後まで読んでもらえる可能性を下げてしまうでしょう。

画像の無断転載をしない

画像の転載は、法律面でもモラルの面でも大きな問題となります。とくに利用許諾を確認せずに、インターネット上で見つけてきた画像の使用は避けましょう。著作権フリーの素材は問題ありませんが、利用可能なライセンスかどうかは必ず確認する必要があります。

文章のコピーをしない

外部サイトの文章をまるごとコピーすることも、大きな問題となります。ただし以下の条件を満たせば、文章の一部を引用することは可能です。

- 引用の目的上正当な範囲内で行われるものであること
- 引用される部分が「従」で、自身のコンテンツが「主」であること
- かぎ括弧などを使用して引用文である事が明確に区分できること
- 引用元のURLや題号、著作者名が明記されていること

詳しくは、「公益社団法人著作権情報センター」のWebサイト（http://www.cric.or.jp/qa/hajime/hajime7.html）を確認してください。

▼コンテンツ作成のNG例

売り込み色が強すぎる

他サイト
画像の無断転載

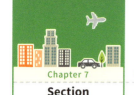

Chapter 7
Section 17

Keyword >> 強調スニペット / 質問 / 文章形式 / 表形式 / リスト形式

ユーザーの疑問に答える（強調スニペット）

「強調スニペット」には、検索クエリに対してGoogleのアルゴリズムが適切だと判断したWebページの情報が表示されます。ここでは、強調スニペットに表示させるためのヒントを紹介します。

 ## 強調スニペットとは

　強調スニペットについては、Search Consoleヘルプでは「クエリが質問であると判断された場合は、ユーザーの質問に回答しているページがプログラムで検出され、検索結果に強調スニペットとして上位の検索結果が表示されます」（https://support.google.com/webmasters/answer/6229325/）と紹介されています。

　強調スニペットは、表示順位が1位のWebページよりも上部に表示されるため、表示されればWebサイトを訪れるユーザーの増加につながります。**強調スニペットに表示させるためには、少なくとも質問のクエリに対する回答のトピックを含めておく必要があります**。以下のケースでは、「XMLサイトマップとは？」というクエリを想定して、ページの大見出し直下に「XMLサイトマップとは、……」という簡潔な説明文を含めています。

文章形式の強調スニペット

「〇〇 意味」、「〇〇 とは」のように言葉の意味を調べるクエリの場合、このように説明文と画像が含まれたページの一部が抜粋されて、強調スニペット枠に表示されます。ただし、必ず表示されるわけではありません。

表形式の強調スニペット

「〇〇 一覧」、「〇〇 費用」のようなクエリでは、クエリにマッチする情報を表でまとめたページの一部が表示されることがあります。

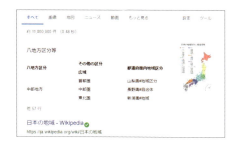

リスト形式（箇条書き）の強調スニペット

「〇〇 手順」、「〇〇 方法」などのクエリでは、クエリにマッチする情報をulやolタグで箇条書きにしたページの一部が表示されます。調理手順など箇条書きの順番に意味があるものには「ol」を使用し、とくに順番に意味はなく箇条書きが並列関係の場合には、「ul」を使用します。

　表示順位が1位でなくても、強調スニペットに表示されることで訪問される機会が増えます。**ターゲットとするクエリにこのような質問に関するクエリがある場合には、ユーザーの疑問に答えるトピックを含めておきましょう。**

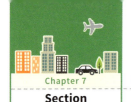

Chapter 7
Section 18

Keyword >> 目次 / リンク / aタグ

ページ内の目次を作成しリンクを設定する

トピックが多い長文のコンテンツの場合、必ずしもユーザーの知りたいトピックがページ上部に位置しているとは限りません。ユーザーが目的の情報にすぐにたどり着けるように、ページ内には目次を設定しておくと利便性が高まります。

 ## 長文コンテンツにおける目次の役割

　文字量が少ないコンテンツであれば、わざわざ目次を設定する必要はありません。しかし、コンテンツをすべて読むために何回もスクロールしなければならないような場合には、ユーザーが目的の情報にすばやくたどり着けるような配慮が必要です。そのためには、ページ内に目次を作成し、ページ内リンクを設定しておくとよいでしょう（左下の画面）。

　目次とページ内リンクを設定することのメリットとしては、ページを訪れたユーザーがすばやく目的の情報にたどり着けるようになる点のほかに、もう1つあります。それは、**検索クエリがページ内リンクおよび目次とマッチしていた場合に、次のように「移動」リンクがスニペットに表示される**点です（右下の画面）。

▼ページ内に目次を設定する

▼スニペットに「移動」リンクが表示された例

長文コンテンツにおける目次の役割

ページ内リンクを設定する場合、リンク先の見出し部分には「id="目印"」を指定して、目印の文字列を任意で入力します（ここでは「1」としています）。

リンク先 `<h2 id="1">ページ内の特定箇所</h2>`

リンク元は**aタグ**を使って、以下のように設定します。通常URLを指定する箇所には、"#目印"を記述します（ここでは「"#1"」と記述しています）。

リンク元 `<a href="#1">ページ内の特定箇所にジャンプ</a>`

目次と見出しで使用しているHTMLタグは次のようになります。設定後には、必ずリンクが動作するか確認しておきましょう。

Chapter 7
Section 19

Keyword >> URLの設定 / 301リダイレクト / 日本語URL

使いやすいURLやファイル名にする

コンテンツの質が高く読者の共感を呼べば、SNSでシェアされることもあります。しかし、URLやファイル名がわかりにくく貼り付けにくい形式では、シェアされる機会を逃してしまうかもしれません。ここでは、URL設定時の注意点を解説します。

URL設定時の注意点

ページのトピックがわかるURL

　数字の連番は避け、ページのトピックを示すURLが望ましいでしょう。また、区切り文字は「_」ではなく「-」ハイフンが推奨されています。

https://www.allegro-inc.com/seo/6676.html　　　×

https://www.allegro-inc.com/seo/meta-keywords　○

URLは頻繁に変更しない

　一度設定したURLは、コロコロと変えないようにしましょう。<mark>変更前のURLが外部リンクを獲得していた場合やSNSで共有されている場合、URLを変えるとそれらのリンク経由のユーザーには、404エラーが表示されます</mark>。これまでに蓄積されたGoogleの評価も失ってしまうため、変更する場合は301リダイレクトを使用しましょう（P.143参照）。

日本語URLは使用しない

　URLは半角英数を使いましょう。日本語URLではコピー＆貼り付けした際に文字化けのように見えてしまい、URLをFacebookでシェアすると右のようなURLが表示されます。SNSやツールによっては、拡散されたURLが404エラーとなることもあり、拡散の機会を逃します。

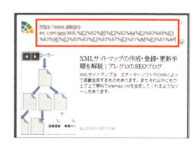

URLを編集する

すでにWebサイトを公開している場合、**URLは大きなランキングシグナルではないので、わざわざURLを変更する必要はありません**。それでもURLの変更を行う場合には、URL変更が行われたページごとに、301リダイレクトを設定しましょう。

URLの設定方法は、利用しているWeb制作ツールによって異なります。HTML編集ソフトでページを作成している場合は、ファイル名を自身で設定することができますが、WordPressの場合は次のような設定が必要です（WordPressでは、初期設定ではページごとのURL編集ができません）。

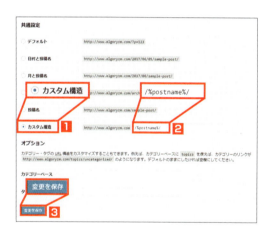

① WordPressの管理画面にログインし、左メニューの「設定」内にある「パーマリンク設定」をクリックします。
「カスタム構造」を選択し**1**、入力欄に「/%postname%/」と記述して**2**、「変更を保存」をクリックします**3**。

② 投稿の編集画面を表示させると、URLが表示される部分に「編集」ボタン**4**が表示されます。「編集」をクリックすると、URLの一部を自身で編集できるようになります。

Chapter 7
Section 20

Keyword >> CTA / 参照リンク / サイト内リンク

ユーザーに有益なCTA・リンクを設置する

リンクには、グローバルメニューやサイドメニューのほかに、コンテンツ本文内のリンクもあります。Googleは、サイト全体で共通に使用されるリンクより、コンテンツ本文内で使用されるリンクの評価を重要視しています。

有益なリンクを設置する

コンテンツ内で使用するリンクには、内容の裏づけを示す引用目的の「**参照リンク**」や、補足説明のためにサイト内の別コンテンツへ誘導する「**サイト内リンク**」、ユーザーのアクションを引き出す「**CTA**」といった種類があります。

記事の信頼性を証明するために、信頼できる機関が発表した調査データなどを参照リンクとして掲載しましょう。サイト内リンクについては、GoogleはWebサイト共通で設置される「サイトワイドリンク」よりも、人の手で本文内に設置したアンカーテキストリンク（P.112参照）を高く評価しているようです。関連コンテンツへのリンクなどは、滞在時間向上につながります。

CTA（Call To Action）とは、「資料請求する」や「カートに入れる」など、ユーザーアクションを促す役割を持つボタンやリンクのことです。適切な場所に設置すると効果的ですが、売り込み色を出し過ぎないように注意しましょう。

参照リンク

サイト内リンク / CTA

Chapter

Webサイトの価値を高めるためのテクニック

外部対策

質の高いコンテンツは、外部サイトからの「被リンク」を集め、表示順位が向上します。SNSなどのサービスを活用して拡散すれば、さらなる被リンク獲得につながります。Chapter 8では、被リンク獲得のテクニックやSNS活用について解説します。

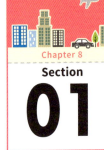

Chapter 8 Section 01

Keyword >> 被リンク / SNS / はてなブックマーク / コンテンツの質

優れたコンテンツで自然被リンクを獲得する

質の高い被リンクは、Googleのランキングシグナルの中でも、重要な要素の1つです。被リンクは、コンテンツの信頼性を測るシグナルとして活用されます。現在ではリンクに関しても、数より質が重要視されます。

 ## 自然獲得の被リンクとは？

「**被リンク**」とは、自身のサイト内のあるページに対して、ほかのページや外部サイトからリンクが張られている状態を指します。"自然獲得の被リンク"とは、P.54で解説したような、ウェブマスター向けガイドラインに違反せず、自然に獲得できた被リンクのことを意味します。

被リンク獲得の直接的な効果は、SNSや外部サイトからリンク経由でたどってくるユーザーの増加です。そしてユーザーに支持されれば、SNSなどでシェアされて拡散され、またそのリンクをたどってくるユーザーが増えていきます。

SEOの面では、**質の高い被リンクを獲得すると検索エンジンの評価が向上します**。「はてなブックマーク」では、nofollow属性が付与されないため、被リンク効果があるといわれています。一方で、TwitterやFacebookなどのSNS上のリンクは、nofollow属性が自動で付与されるため、表示順位には影響がありません。しかし、多くの人にコンテンツが共有されることにより、そのうち何人かのブログやWebサイトで引用とともにリンクされる場合があります。

▼SNS拡散による被リンクの獲得

被リンク獲得においてもコンテンツの質は重要

被リンクを獲得するためには、質の高いコンテンツを作成することが重要です。読みにくいコンテンツや、ユーザーに満足されない内容の薄いコンテンツは、基本的には共有されません。多くの被リンクを獲得できるように、以下のような点を意識しましょう。

質の高いコンテンツを作成する

ユーザーの求める情報が含まれており、情報量が豊富なコンテンツは、検索エンジン経由で訪問される機会が増えます。**オーガニック検索からのアクセスが多くなれば、被リンク獲得の機会も増えます**。一方で、説明が不十分でわかりにくいコンテンツは最後まで読んでもらえず、被リンク獲得の機会は減少します。

わかりやすく、読みやすいコンテンツとレイアウト

検索経由でもリンク経由でも、ユーザーが目的の情報に辿り着けなければ、共有や被リンクの獲得にはつながりません。とくに検索経由の場合、**必要とする情報をすぐに発見できないと、閲覧を途中でやめてしまうかもしれません**。この点についてはGoogle向けではなく、ユーザー目線で改善していきましょう。

質の高いコンテンツをSNSで発信する

作成したコンテンツを多くの人に見てもらえるように、**TwitterやFacebook、YouTube、RSSフィードなどを活用して情報を発信**します。TwitterもFacebookもYouTubeも、それぞれオリジナルのブランドページを作成することができるので、自分のWebサイトに合いそうなSNSで情報を発信していきましょう。

> **COLUMN 被リンクの重要性**
>
> 自然獲得の被リンクは、現在のアルゴリズムでも重要な要素として位置付けられています。単純にリンクの数だけで評価されるのではなく、リンク元ページの質やリンク元ページのトピックとの関連性、リンクのアンカーテキスト、リンク先ページのトピックとの関連性などを、総合的に判断しているようです。

Chapter 8
Section 02

Keyword >> 被リンク / ページランク / 301リダイレクト / nofollow属性

被リンクはWebページの「信頼」を表す指標

Googleは多くのアルゴリズムを使用しており、信頼度を測る「ページランク」アルゴリズムは有名です。ページランクは、リンクの質や数を基準に評価を付けるアルゴリズムで、ほかのアルゴリズムと組み合わせて検索結果の順位を決定付けています。

被リンクとページランクの関係

Googleのもっとも重要なシグナルは「リンク」と「コンテンツ」、次いで「ランクブレイン」です（P.50参照）。具体的には、次の3点が重要だといえます。

- 検索クエリの意図にマッチしたコンテンツ
- 質の高いコンテンツ
- 自然獲得の被リンク

ページランクはURLごとにスコアが付き、リンクを通してほかのページへも渡ります。たとえば下の図のように、トップページに10点の評価が与えられた場合、**トップからのリンクの本数だけ、分割されてリンク先に渡ります**（実際にはトピックの関連性なども考慮され、均等分割ではないと思われます）。もしもA〜Eが別のWebページからのリンクを獲得していれば、それも加味されてページランクが算出されます。関連性の高い、高品質のコンテンツから多くのリンクを集めると、ページランクが高くなります。

▼被リンクによるページランク付与のイメージ

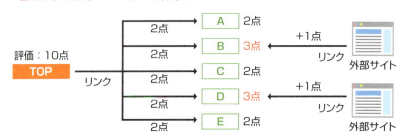

ページランクの性質

301リダイレクトの活用

　Webページを移転する際には、301リダイレクトを使用してページランクを引き継ぐことができます（P.143参照）。**移転前のページが多くのリンクを獲得している場合には、蓄積した評価を受け渡すために301リダイレクトを使用しましょう**（移転ではなく削除の場合には、301リダイレクトの使用は不適切です）。

rel="nofollow"の使用

　ページランクを獲得しようとする、いわゆる"コメントスパマー"によって、コメント投稿者のWebサイトへのリンクを設置される場合があります。ページランクを流さないようにするには、コメント内のリンクの箇所に「rel="nofollow"」を記述します（P.148参照）。

```
<a href="http://example.com/" rel="nofollow">詳しくはこちら</a>
```

ページランクは人気を測る指標ではない

　ページランクは、Webサイトの人気度を測るシグナルではなく、**"オーソリティの目安"**となるシグナルとして使用されています。「オーソリティ」とは、日本語では「権威」という意味ですが、同じようなトピックやテーマを扱う外部コンテンツからリンクされるということは、その分野における信頼できる権威だという考えから、シグナルとして扱われています。

　ページランクは非常によくできたしくみであり、過去にGoogleの内部でページランクのない検索エンジンをテストしたことがあるようですが、検索結果の品質は非常に悪くなったそうです。このような事情から、検索結果の品質を保つために、今のところ被リンクは重要な要素ですが、コンテンツ理解の能力が改善されていくと、徐々に被リンクによる評価は薄れていくと推測されます。

Chapter 8
Section 03

Keyword >> ページランク / リンクプログラム / ゲスト投稿 / 相互リンク / 広告リンク

ページランクの操作を目的とした被リンクはガイドライン違反

Googleのガイドラインでは、リンクプログラムへの参加を禁止しています。リンクプログラムとは、ページランクや検索順位を操作するためのリンクのことで、自身のサイトからのリンク、自身のサイトへのリンクどちらにも当てはまります。

 ## リンクプログラムの種類

　リンク購入や過度なリンク獲得施策は、ペンギンアルゴリズムによって評価が無効化されます。もしもペンギンアルゴリズムによって無効化されなくても、第三者によるスパム報告などをきかっけに、Googleスタッフが手動で確認します。Webサイトの評価を下げることにつながるため、Googleがガイドラインで禁止している行為を確認しておきましょう。

大規模な記事キャンペーンによる不自然なリンク

　自身のWebサイト以外に、第三者として記事を投稿することを「ゲスト投稿」といいます。ゲスト投稿では、自身のWebサイトへの紹介リンクを設置することが一般的で、メディア側は質の高い記事を依頼でき、ゲスト側は著名なメディアにWebサイトへのリンクを設置できるというメリットがあります。この方法自体は問題ありませんが、==著名なサイトへの投稿を通して大量の被リンクを獲得する意図があった場合には、ガイドライン違反となります==。具体的には、次のような点に注意が必要です。

- 大量のキーワードを含んだリンクの乱用
- 多数のWebサイトへ記事を公開すること
- 特定のWebサイトに大量の記事を公開すること
- 知識が乏しく正確でない記事
- まったく同じ、または同じような記事の複数メディアへの掲載

(https://webmaster-ja.googleblog.com/2017/06/a-reminder-about-links-in-large-scale.html)

ページランクを転送するリンクの売買

リンクを販売する業者は、現在では多くが淘汰されました。しかし、今でもSEO目的でリンクを販売している業者は存在しています。**金銭だけでなく、物品やサービスのやり取りも禁止されている**ため、「商品ページへのリンクのお礼に商品を贈る」といった行為もNGです。

過剰な相互リンクやリンク交換

ユーザーにとって無価値であり、過剰な相互リンクは避けましょう。たとえば外部サイトのリンク集ページに登録したり、自社サイト内のリンク集ページを作ったりといった対策はおすすめしません。質の低いディレクトリサービスや、ブックマークサイトなどへの登録にも、注意が必要です。ただし、パートナー企業や知人のWebサイトと相互にリンクすること自体は、まったく問題ありません。

自動化プログラムで作成されたリンク

登録することで多くのWebサイトのフッターやウィジェット箇所内に、分散して幅広くリンクを埋め込めるプログラムやサービスがあります。これらのサービスやプログラムの利用も、ガイドラインで禁止されています。

nofollow属性のないテキストリンク広告

広告リンクはリンク購入と見なされる可能性があるため、nofollow属性を付与する必要があります。また、下のようにプレスリリース内の文章で過剰なアンカーテキストリンクを使用することも、禁止されています。ただし、プレスリリース配信サイトの場合、現在ではほとんどのサービスでnofollow属性が付与されているため、そもそもリンク施策にはなり得ません。

▼プレスリリースにおける過剰なアンカーテキストリンクの例

『Spresseo（エスプレッセオ）』は、ウェブサイトの順位調査、ページの検索エンジン最適化、被リンクの調査、アクセス解析ツールとの連携、SEOレポート自動生成が行える、インハウスでSEOを管理するために必要な機能を備えたクラウドタイプのSEOスイートです。

Chapter 8　Keyword >> アンカーテキスト / ビジネスパートナー / 取材記事 / ゲストブログ

Section 04 自社やパートナーの サイトからの被リンクを活かす

被リンクを獲得するもっともかんたんな方法は、自身で管理するほかのサイトからリンクを張ることです。次に、友人や知人に依頼してリンクを張ってもらうことです。ここでは、パートナーからの被リンク獲得について解説します。

 自社管理のWebサイトからリンクを張る

　自社で管理するWebサイトがほかにもある場合には、適切な場所に正確なURLと適切なアンカーテキストで、リンクを設置するようにしましょう。その際には、**キーワードのみの不自然なアンカーテキストではなく、リンク先のWebサイト名や企業名、ブランド名などわかりやすいアンカーテキスト**を設定してください。

▼正しいアンカーテキストの例

✕　SEO管理ツール ………………………… キーワードのみで不自然なアンカーテキスト

◯　Spresseo - SEO管理ツール … ブランド名を用いた、わかりやすいアンカーテキスト

　また、自身で管理するほかのWebサイト内で関連するページがあれば、そのメインコンテンツからリンクを張ることも検討しましょう。興味を持ってリンクをたどるユーザーが増え、Googleのコンテンツ理解を助けることにもつながります。

　関連するコンテンツからのリンクは、自社で管理する外部サイトに限らず、サイト内でも有効です。質の高いコンテンツから適切な文脈と自然なアンカーテキストでリンクを張れば、ユーザーの利便性を高め、評価の向上につながります。ただし、SEO目的で、薄いコンテンツどうしで無価値なリンクを張り合うことは避けましょう。

ビジネスパートナーにリンクを張ってもらう

　協力的な知人や利害関係の一致するビジネスパートナーがいる場合は、次のような方法で被リンクの獲得が可能です。単純に被リンク獲得のみを意識せずに、パートナーとそのWebサイトのユーザーに対して価値のあるコンテンツを作成しましょう。

ビジネスパートナーにお願いする

　ビジネスパートナーがいれば、リンクを張ってもらい、互いのWebサイト上で取引先として紹介しましょう。この場合は、企業名のアンカーテキストでリンクを張ることになるでしょう。

取引先に取材して記事を作成する

　ブログのテーマに一致する分野の取引先に取材し、記事を書くという方法もあります。ユーザーが興味を持ちそうな話題について取材することで、ユーザーにも価値あるコンテンツを提供できます。そして記事の公開時に、取材先のWebサイトからリンクを張ってもらうようにお願いしましょう。

ゲストブログに挑戦する

　取引先がブログを運営している場合は、ゲストとしてブログ記事を投稿する方法もあります。ブログのテーマと自社の専門性が一致する場合には、自社の専門性を活かした記事を企画して、提案してみましょう。作成した記事と自社サイトへのリンクを含む執筆者プロフィールを、取引先のブログで掲載します。

▼外部サイトにゲストとして記事を投稿する

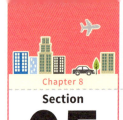

Chapter 8
Section 05

Keyword >> 購読者 / RSSフィード / Outlook / feedly

購読者を増やす（RSSフィードの活用）

RSSフィードは、フィード登録者に対して新着記事を通知できるしくみです。ブログ記事のコンテンツの質が高ければ、ほかの記事も読んでもらえる機会が増え、新着記事をチェックするRSSフィード登録者の数も増えます。

 ファンを増やせば被リンク獲得の機会が増える

　検索結果の上位に表示され、多くのユーザーがWebサイトを訪れるようになっても、一度の訪問で商品購入やサービス申し込みに結びつくわけではありません。とくに情報収集目的のユーザーは自身の目的が解決しても、いちいちブランド名やサイト名を覚えてくれることはありません。

　しかし、==質の高いコンテンツを通して、複数回に渡りユーザーの疑問を解決できれば、定期購読者としてTwitterやFacebook、RSSフィードに登録してくれる==可能性もあります。このようなファンを地道に増やしていけば、記事のシェアが増え、被リンク獲得にもつながっていきます。そのための対策として、Webサイトを訪問したユーザーがRSSフィードを登録しやすくなるように、Webサイトに登録用のボタンを設置しておくとよいでしょう（P.222参照）。

▼購読者の増加による被リンク獲得の流れ

RSSフィードとは

　RSSフィードとは、**登録者に対してWebサイトの更新情報などを提供するしくみ**です。ニュースやブログの最新記事、商品のリリース情報などの情報を通知します。WordPressなどのCMSでは、標準で利用することができます。

　RSSフィード登録者のメリットは、複数のWebサイトの更新情報が、未読の状態か既読の状態かを判断しやすい点です。興味のあるニュースサイトやブログをRSSリーダーに登録しておけば、わざわざWebサイトに行かなくても、新着情報のみをチェックすることができます。情報源の管理において、とても便利なしくみです。

　ユーザーがRSSフィードを取得するためには、**「feedly」**や**「Outlook」**などのRSSリーダーに登録する必要があります。feedlyの場合には登録の際にログインが必要です。アカウントがなければアカウントから作成する必要があります。Outlookの場合には、起動してからRSSフィードのURLを登録するため、少し手間がかかります。TwitterやFacebookも含め、ユーザーがかんたんに購読できるしくみを、サイト上にいくつか用意しておくと親切です。Outlookやfeedlyでは、次のように新着・更新情報が表示されます。

Outlook

feedly

Chapter 8
Section 06

Keyword >> feedlyボタン / RSSフィード / WordPress / サイドメニュー

読者に登録してもらうためのfeedlyボタンを設置する

RSSフィードは、ブログのリピーターを増やすためのしくみです。ユーザーがかんたんにRSSフィードを登録できるように、ブログのわかりやすい位置にfeedlyの公式ボタンを設置しておきましょう。

feedlyボタンを設置する

公式ページよりボタン貼り付け用のコードを生成して、自身のブログのわかりやすい位置にコードを貼り付けます。次の手順で設定しましょう。

① feedlyボタン用コードを生成する英語の公式ページ（https://www.feedly.com/factory.html）にアクセスし、画面を下方向にスクロールして「Step 1: Select your design」の箇所で、好みのボタンを選択します❶。

② 「Step 2: Insert your feed URL」の箇所で、自身のブログのRSSフィードのURLを入力します❷。WordPressの場合には、**自身のブログのURLの後に「/feed」を付けたURL**がRSSフィードのURLです。

222

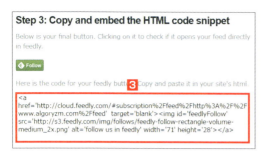

③「Step 3: Copy and embed the HTML code snippet」の箇所に生成されるHTMLコードをコピーし、ブログの好きな箇所に貼り付けます❸。

④ **WordPressでサイドメニューのウィジェットエリアに貼り付ける**場合には、ダッシュボードにログインして「外観」❹→「ウィジェット」❺をクリックし、「テキスト」にコードを貼り付けて配置します❻。

　正しく貼り付けられていれば、Webサイトのサイドバーの位置に、feedlyのボタンが表示されます❼。

Chapter 8
Section 07

Keyword >> Search Console / リンク数の最も多いリンク元 / 最も多くリンクされているコンテンツ

Search Consoleで被リンクを確認する

ブログの記事が多くの人に読まれるようになり、共有されるようになると、徐々に被リンクを獲得できるようになります。ここでは、獲得した被リンクを確認する方法について解説します。

獲得した被リンクをSearch Consoleで確認する

獲得した外部サイトからのリンクを確認するには、Search Consoleを使って次の手順で操作します。

① 左メニューの「検索トラフィック」をクリックし①、「サイトへのリンク」をクリックします②。

②「リンク数の最も多いリンク元」③には、自分のWebサイトにもっとも多くリンクを張っている外部サイトが、リンク数の多い順に表示されます。「最も多くリンクされているコンテンツ」④には、自分のWebサイト内の被リンクを獲得しているページが、被リンクの多い順に表示されます。

③ ②の画面で「リンク数の最も多いリンク元」の外部Webサイトをクリックすると、リンクされているページとリンクの数5を確認することができます。

④ ②の画面で「最も多くリンクされているコンテンツ」のURLをクリックすると、そのページにリンクを張っているWebサイトのドメインと、サイトごとのリンク数6を確認することができます。

⑤ 最新のリンク獲得状況を知りたい場合は、手順③または④の画面上に表示される、「最新のリンクをダウンロードする」をクリックします7。「CSV保存」や「Googleドキュメント」など、保存方法を選択してダウンロードしましょう。ダウンロードしたファイルでは、リンク元のURLと検出した日付が記録されたデータを確認できます。

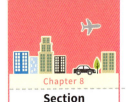

Chapter 8

Keyword >> スパムリンク / ネガティブSEO / 手動による対策 / リンク否認ツール

Section 08 質の低い被リンクに対応する

Googleは、スパムに対してアルゴリズムや手動チェックで厳しく対処してきました。しかし、第三者がアルゴリズムを悪用して質の低い被リンクを大量に張り付けた場合、評価は落ちてしまうのでしょうか。ここでは、低品質リンクへの対処方法を解説します。

ネガティブSEOへの対処

　Search Consoleでリンクの状況を確認すると、なかには国内や海外のスパムサイトからのリンクなど、一目見ればすぐに"質の低いコンテンツ"だとわかるものが含まれている場合があります。大抵このようなコンテンツは、アフィリエイト広告やアドセンス広告が表示されていたりし、クリック数を稼ぐために質の低いコンテンツを量産しています。

　このようなリンクが大量に見つかった場合、「ライバルによって自身のWebサイトに向けてネガティブSEOが行われているのでは？」と疑うWebサイト運営者もいます。ネガティブSEOとは、**ライバルサイトの順位を下げるために、低品質のリンクを大量に張り付けるような行為**のことです。しかし、Googleは「ネガティブSEOを心配する必要はない」と回答しています。

▼ネガティブSEO

どうしても気になるならリンク否認ツールで対処

　スパムリンクを検知するペンギンアルゴリズムは、2016年9月にリアルタイム更新に変わりました。それまでは、スパムと判定されたWebサイトはある一定期間でまとめて評価が更新され、質の低い被リンクによる評価ダウンの影響も、Webサイト全体に及んでいました。しかし現在は、Googleがページ単位できめ細かな対応を行っています。スパムリンクについても、評価を下げるというよりは"無視（無効化）する"という処理に変わったようです。

　そのため、**一般的なWebサイト運営者はとくに気にする必要はなく、放置していても問題ありません**。もし、スパムリンクとわかってリンクプログラムに申し込み、サービス提供者によって不自然なリンクを張られてしまった、または過去にスパムがされていたWebサイトのドメインを取得してしまった場合や、前任者がスパムを行っていた場合などは、一度Search Console上の「**手動による対策**」を確認しましょう。手動による対策があった場合には、ここに詳細が表示されます。

　リンクスパムに関する通知が表示された場合は次の手順で対応します。

① 疑わしいものも含めてスパムリンクを特定します。
② スパムリンクをすべて取り除きます。自身で削除できるものは削除し、外部の運営者に依頼しなければならないものは削除依頼を行い、削除されたことを確認します。
③ 取り除けなかったスパムリンクは「リンク否認ツール」にアップロードします（「https://support.google.com/webmasters/answer/2648487/」を参照）。
④ 改善を確認したあとに、「https://www.google.com/webmasters/tools/reconsideration/」から「再審査リクエスト」を行います。

Chapter 8 Section 09

Keyword >> SNSボタン / はてなブックマーク / 新着エントリー / nofollow属性

SNSの拡散力をSEOに活かす

質が高く、ユーザーが満足するコンテンツは、自然と多くの人に共有されます。自分のコンテンツを見て満足したユーザーが自身のSNSで共有できるように、ページ上にSNSボタンを設置しておきましょう。拡散のきっかけとなるかもしれません。

 ## SNSボタンとは？

記事をSNSで共有しやすいように、Webサイトに設置しておくボタンを「**SNSボタン**」と呼びます。ボタンを設置できるSNSには、TwitterやFacebook、Google+、LINEなどがあります。国内では、Facebookは30〜40代の利用者が多く、Twitterは10〜20代の利用者が多い、そしてLINEは幅広い層に利用されているといわれています。

コミュニケーションに向いているSNSとは異なり、お気に入りのページをブックマークするための、「**ソーシャルブックマークサービス**」というものもあります。代表的なソーシャルブックマークサービスには、「Pocket」や「はてなブックマーク」、「Pinterest」などがあります。Pinterestは画像に特化したサービスです。Pocketやはてなブックマークは、ブラウザーのブックマーク機能とは異なり、インターネットに接続されていればスマートフォンや職場のパソコンなど、どこからでも保存したWebページにアクセスできます。

SNSボタンは設置し過ぎるとページ表示にかかる時間が増えてしまいます。Webサイトの利用者層を考慮し、適したSNSボタンを設置しましょう。

▼SNSボタンの設置例

拡散するとどうなるか

　ユーザーは、コンテンツをあとでゆっくりと読みたい場合にはブックマークボタンを、コンテンツに共感して人に教えたくなった場合には、SNSボタンをクリックします。下の画面は筆者のブログが、ある分野の著名人からのツイートで取り上げられた際のセッション数のデータです。大晦日でしたが、それなりに多くの人にコンテンツを見てもらえました。

▼SNS（ツイート）効果でアクセス数が上がった例

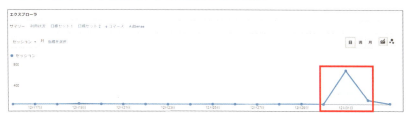

　次のケースでは、「はてなブックマーク」がきっかけで多くの人に共有され、訪問数が増えました。一定条件でコンテンツがブックマークされると、はてなブックマークの「新着エントリー」（http://b.hatena.ne.jp/）に掲載されます。はてなブックマークユーザーの中には、TwitterやFacebook連携を行っているユーザーもいるため、ほかのSNS経由でのトラフィックと新着エントリーからのトラフィックも合わせると、下のグラフのようになります。Twitterや Facebookとは異なり、**はてなブックマークのリンクにはnofollow属性が付与されていません**。そのため、直接的なトラフィックを獲得できるということ以外に、SEOの面で自然被リンクが獲得できるメリットがあります。

▼ブックマーク効果でアクセス数が上がった例

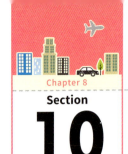

Chapter 8
Section 10

Keyword >> はてなブックマーク / Twitter / ハッシュタグ / Facebook

各種SNSボタンを設置する

ユーザーがかんたんにWebページを共有できるように、WebサイトにSNSボタンを設置しましょう。ここでは主要なサービスとして、Facebookボタン、Twitter、はてなブックマークの設置方法を解説します。

Facebookボタンを設置する

①「https://developers.facebook.com/docs/plugins/like-button」にアクセスし、ボタン構成ツールの各項目を選択して❶、「コードを取得」をクリックします❷。

②「IFrame」を選択し❸、以下のHTMLコードをページ上に貼り付けます❹。

Twitterボタンを設置する

① 「https://about.twitter.com/ja/resources/buttons」にアクセスし、「リンクを共有する」を選択します❶。

② 「ハッシュタグ」を設定しておけば、ボタンを押した際にそのハッシュタグが含まれた状態で投稿画面が表示されます❷。ボタンのプレビューを確認し❸、生成されるHTMLコードをページ上に貼り付けます❹。

はてなブックマークボタンを設置する

① 「http://b.hatena.ne.jp/guide/bbutton」にアクセスし、好みのボタンのデザインを選択して❶、ボタンのサイズや言語、保存するURLを選択します❷。

② ボタン表示を確認し❸、以下のHTMLコードをページ上に貼り付けます❹。

Chapter 8
Section 11

Keyword >> Twitter / 企業アカウント / ユーザー名

TwitterをSEOに活用する

企業用のTwitterアカウントを作成して、Twitterユーザーに対してブログ記事や新着情報をツイートしていきましょう。Twitterでの情報提供により、ユーザーからの信頼獲得につながります。ここでは、Twitterアカウントの作成方法について解説します。

企業のTwitterアカウントを作成する

① Twitter (https://twitter.com/) にアクセスし、「アカウント作成」をクリックします**1**。

② 呼び名、電話番号またはメールアドレス、パスワードの項目をそれぞれ入力します**2**。ここではメールアドレスを入力して、「アカウント作成」をクリックします**3**。

③ 携帯電話番号の入力画面が表示されます。企業用アカウントなので、ここでは「スキップ」をクリックします**4**。

232

④ アカウントのユーザー名を入力し5、「次へ」をクリックします6。Twitterでは「https://twitter.com/ユーザー名」のように、**アカウントのURL内にユーザー名が含まれます**。サービス名や社名など、ユーザーが覚えやすいユーザー名を設定しましょう。

⑤ メールの確認が完了したら、👤をクリックし7、「プロフィールを表示」をクリックします8。

⑥「プロフィールを編集」をクリックします9。

⑦ プロフィール画像、ヘッダー画像、自己紹介、場所、ホームページなど、できるだけ詳しいプロフィールを記述しましょう。

Chapter 8
Section 12

Keyword >> Facebook / Facebookページ / ユーザーネーム

FacebookをSEOに活用する

Facebookでは個人用のアカウントのほかに、企業用の「Facebookページ」を作成することができます。Facebookページから、ユーザーに価値ある情報を提供していきましょう。ここでは、アカウントおよびFacebookページの作成について解説します。

企業のFacebookページを作成する

① Facebook（https://www.facebook.com/）にアクセスし、アカウント登録に必要な情報を入力して①、「アカウントを作成」をクリックします②。

② 携帯電話番号またはメールアドレスでの認証を行います③。

③ 左の画面が表示されれば、認証完了です。

234

④ 次に、Facebookページを作成します。画面右上の ▼ をクリックし④、「ページを作成」を選択します⑤。

⑤ 自分のビジネスにマッチしたカテゴリを選択し⑥、名称を入力して「スタート」をクリックします。

⑥ Facebookページが作成されます。画面右上の ▼ をクリックして作成したFacebookページを選択し、左側のメニューから「ページ情報」をクリックします⑦。

⑦ Webサイトやストーリーなど、詳細な情報を入力しましょう。ユーザーネームは「https://www.facebook.com/ユーザーネーム/」と、**FacebookページのURLの中で使用されるため、サービス名や社名などを設定するとよいでしょう。**

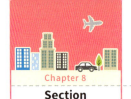

Chapter 8
Section 13

Keyword >> YouTube / チャンネル / 動画コンテンツ

YouTubeを SEOに活用する

ビジネスの種類によってはYouTubeを活用することで、売り上げやトラフィック、認知度の向上に大きく貢献します。YouTubeチャンネルを作って、視聴者に役立つ動画コンテンツをすれば、そのコンテンツがYouTubeやGoogleで検索される機会が増えます。

YouTubeチャンネルを作成する

スポーツの技術や英会話、音楽などは、YouTubeと相性がよい分野です。ほかにもさまざまなビジネスで活用されるYouTubeのチャンネルを、次の手順で作成してみましょう。

① YouTube（https://www.youtube.com/）にアクセスし、右上の「ログイン」をクリックします 1 （Googleアカウントを持っていれば、ログインして次のステップに進みます）。持っていない場合は作成しましょう。

② ≡ をクリックして 2 、＜マイチャンネル＞をクリックします 3 。

③ ポップアップ画面が表示されます。**ビジネス用のチャンネル**を作成するため、「ビジネス名などの名前を使用」をクリックします 4 。

④「新しいチャンネルを作成」をクリックし、商品名、サービス名、社名など、関連するブランド名を入力し**5**、「作成」をクリックします**6**。ブランド名はTwitterやFacebookと同様に統一しておきましょう。

⑤ チャンネルアイコン、チャンネルアートを設定し、チャンネルの説明を詳しく設定しましょう。**TwitterやFacebook同様に、ブランドの雰囲気は統一しましょう**。

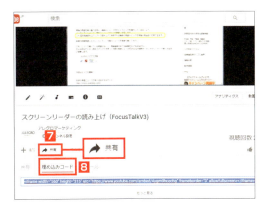

⑥ チャンネルの作成が完了したら、動画コンテンツをアップロードしましょう。YouTubeで公開した画像は、自分のWebサイトのページに埋め込むこともできます。公開した動画のページをYouTubeで表示し、「共有」をクリックし**7**、「埋め込みコード」をクリックします**8**。

⑦ 生成されたコードをコピーして、自身のWebページ上の好みの箇所に、HTMLで貼り付けます。

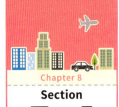

Chapter 8
Section 14

Keyword >> フォロワー / フォローボタン / 投稿頻度

作成したコンテンツをSNSで発信する

SNSには「フォロー」という機能があり、ユーザーにアカウントをフォローされると、ユーザーのタイムラインなどに、投稿が表示されるようになります。ユーザーのフォローを促すため、Webサイトに「フォローボタン」を設置しましょう。

SNSのフォロワーを増やす

作成したSNSアカウントのフォロワーが増えれば、多くの人に情報を発信することができます。ユーザーがかんたんにフォローできるように、Webサイトのページ上にフォローボタンを設置しましょう。

Twitterのフォローボタン

「https://about.twitter.com/ja/resources/buttons」にアクセスします。「フォローする」を選択し①、Twitterアカウントのユーザー名を入力して②、表示されたHTMLコードをページ上に貼り付けましょう③。

Facebookのフォローボタン

「https://developers.facebook.com/docs/plugins/followbutton」にアクセスします。FacebookページのURLを入力し①、「コードを取得」をクリックして②、HTMLコードをページ上に貼り付けましょう。

自社SNSアカウントで情報を発信する

　ブログのコンテンツを更新した際や新着情報などは、SNSアカウントからも発信しましょう。以下では、SNS上で情報を発信する際の注意点を解説します。

曜日や時間帯によって反応が異なる

　SNSでの投稿に対するフォロワーの反応は、曜日や時間帯によって異なります。フォロワーの反応を見て、効果的な時間帯を見つけましょう。

投稿の頻度を上げすぎない

　過度に同じ内容の投稿を繰り返すと、うるさく思われ、フォロワーが減ってしまいます。しかし少なすぎると、ほかの投稿の中に埋もれてしまいます。始めのうちは、ブログの新規コンテンツや既存のコンテンツを織り交ぜながら、**有益な情報を1日に2回程度投稿するのがよいでしょう**。

宣伝ばかりしない

　たまにキャンペーンや新商品のお知らせを投稿することは問題ありませんが、宣伝ばかりしていると（企業アカウントとはいえ）、フォロワーが離れてしまいます。宣伝はほどほどにしておきましょう。

　また、自社サイトのコンテンツが少ない場合は、フォロワーに役立つ外部コンテンツを紹介することで、フォロワーからの信頼感を高めることにもつながります。

▼SNS投稿のNG例

Chapter 8
Section 15

Keyword >> コメント / リアルタイム検索 / 外部サイトからの被リンク

SNS上のコメントを自身のSNSで取り上げる

自社の商品や記事に関して、SNS上のコメントがあった場合や、外部サイトの記事の中で引用やコメントがあった場合、自身のSNSでも紹介しましょう。一般的には自身の評価よりも、第三者の評価のほうが信頼されやすいものです。

 ## SNSのコメントをチェックする

　自社の商品や記事に関して、SNS上のコメントがあった場合や、外部サイトの記事の中で引用やコメントがあった場合は、自分のアカウントでも紹介しましょう。FacebookのコメントはFacebook上では検索しづらいため、Yahoo!JAPANの「**リアルタイム検索**」でチェックする方法がかんたんです（商品名で検索し、「すべてのサイト」を「Facebook」に変更して検索します）。

　Twitterでは、「url:example.com」のように**「url:」を付けて検索**すれば、自分のWebサイトのURLを含むツイートを検索することもできます。

▼**Twitterの検索結果**

 COLUMN 外部サイトからの被リンクをチェックする

Search Consoleで外部の被リンクを確認する方法（P.224参照）については解説しましたが、Webサイトがそれなりの規模になってきたら、「Majestic」（https://ja.majestic.com/）などの市販の被リンクチェックツールが便利です。

Chapter 9

分析ツール活用のテクニック

分析

分析ツールでさまざまな指標やエラーをチェックすれば、Webページの改善点を突き止めて検索パフォーマンスを向上させることができます。Chapter 9では、代表的なツールであるSearch ConsoleとGoogleアナリティクスについて解説します。

Chapter 9
Section 01

Keyword >> Search Console / HTMLの改善 / スパム / リッチカード

Search Consoleを活用する

Search Consoleは、検索におけるパフォーマンスの改善や問題点の発見に役立つツールです。ここでは、Search Consoleでよく使用される機能を確認します。チェックすべきポイントを押えて、問題点にすばやく対処できるようにしましょう。

Search Consoleで定期的にチェックする項目

1:「メッセージ」

Search Console上の設定変更や、**スパムに対する対策の通知、クロール処理や検索表示に関する重要な問題点**は、ここで確認することができます。

2:「HTMLの改善」

タイトルやメタディスクリプションに関する問題点は、「HTMLの改善」を確認します。たとえば、複数のページで同じタイトル文を使用していると、「タイトルタグの重複」として、改善ページが表示されます。

3:「手動による対策」

スパムに関する、手動による対策項目が表示されます。通常の場合、「手動によるウェブスパム対策は見つかりませんでした。」と表示されます。

242

4：「モバイルユーザービリティ」

「モバイル ユーザビリティ」では、**モバイル対応について問題のあるページと問題点**が表示されます。

5：「インデックスステータス」

インデックス数と実際のページ数が大きく異なる場合は、リンクでたどれないページがあるかもしれません。robots.txt、noindex、canonical、XMLサイトマップの設定を確認しましょう。

6：「セキュリティの問題」

「セキュリティの問題」では、**セキュリティについての問題**が発生していないかを確認できます。

7：「構造化データ」「データハイライター」「リッチカード」

構造化データや**リッチカード**（リッチスニペットよりもさらに目立たせて表示できる検索結果形式）のマークアップや**データハイライター**を使用している場合には、エラーが発生していないか確認しましょう。これらの項目と同様に、**クロールに関する問題点**も確認しましょう。

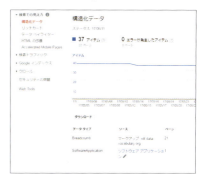

※2017年8月時点でSearch Consoleのデザイン刷新が発表されており、レイアウトや機能は変更になる場合があります。

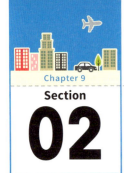

Chapter 9
Section 02

Keyword >> サイトエラー / Fetch as Google / URLエラー / ソフト404

Search Consoleでクロールエラーを確認する

何らかの原因でクロール時にエラーがあった場合は、Search Consoleの「クロールエラー」でレポートされます。たとえば「404エラー」や「ソフト404」などが発生していないか、ここで定期的に確認しましょう。

 ## サイトエラーの種類

　Search Consoleで「クロール」→「クロールエラー」の順にクリックすると、Webサイト上で発生しているクロールエラーを確認することができます。以下では、それぞれのエラー項目について解説します。

　「**DNSエラー**」とは、クローラーがDNSサーバー（ドメイン名をIPアドレスへ変換するためのサーバーで、Webサイトにアクセスするために必要）と通信できない場合に表示されるエラーです。エラーが表示される場合、Fetch as Google（P.115参照）でクローラーがアクセスできるか確認しましょう。

　サーバーの応答が遅すぎてクローラーの処理がタイムアウトで中止してしまった場合、「**サーバー接続エラー**」が表示されます。Fetch as Googleで、クローラーがアクセスできるか確認します。負荷が高い場合には、サーバーのスペックを上げるなどの対応が必要となります。

　クローラーがrobots.txtにアクセスできない場合などは、「**robots.txt取得エラー**」が表示され、クロールは延期されます。その場合、サーバー側でクローラーをブロックしていないか確認しましょう。

URLエラーの種類

「クロールエラー」の画面を下方向にスクロールすると、「PC」と「スマートフォン」のタブ切り替えがあり、それぞれのページに関するURLエラーを確認できます。URLエラーは5つに分類されています。主なエラーについて解説します。

ソフト404

サイト内に存在しないページを表示させようとした場合、通常は404エラーページが表示され、サーバー側からはブラウザに、ページが見つからないことを意味する「404」というHTTPステータスコードを返します。見た目は404エラーページと同じでも、サーバー側の設定ミスで存在していないページに対して「404」のコードを返していない状態を、**ソフト404**といいます。ソフト404のWebページは、クローラーに正常なページとして処理されるため、必要なページへのクロールが後回しになってしまうことがあり、修正する必要があります。

アクセスが拒否されました

ログインが必要なWebページやrobots.txtでブロックされたWebページなど、サーバー側でクローラーをブロックしている場合は、**アクセス拒否のエラー**が表示されます。Search Console内の「robots.txtテスター」で、該当のページがブロックされていないか確認しましょう。

見つかりませんでした

404エラーは、どのWebサイトでも発生し得るため、すべて修正する必要はありません。しかし単純なURLの記述ミスなどであれば、修正しておいたほうが、ユーザーにとっても検索エンジンにとっても親切です(修正方法はP.142参照)。

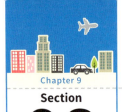

Chapter 9
Section 03

Keyword >> 検索アナリティクス / クリック数 / CTR / 掲載順位 / 表示回数

Search Consoleで検索結果のパフォーマンスを調べる

Googleの検索結果上で自社コンテンツが表示された回数、クリックされた回数、CTR、掲載順位の4つの指標についてSearch Consoleの検索アナリティクスで確認することができます。ここでは検索アナリティクスで定期的に確認すべきポイントを解説します。

パフォーマンスを左右する4つの指標

Search Consoleで「検索トラフィック」→「検索アナリティクス」の順にクリックすると、「クリック数」、「表示回数」、「CTR」、「掲載順位」という4つの指標を、チェックボックスのオン/オフによって確認することができ、さまざまなフィルタによって絞り込めます。

クリック数

Googleの**検索結果ページで、自分のWebページがユーザーにクリックされた回数**です。

CTR

CTRは「クリック率」を意味する指標で、**クリック数を表示回数で割った値**がパーセントで表示されます。

▼クリック数

▼CTR

掲載順位

　検索結果ページで最上位に表示されるWebページの、期間内の平均掲載順位が表示されます。

掲載順位▶

表示回数

　検索結果にWebページへのリンクが表示された回数がカウントされます。ユーザーが検索結果ページをスクロールせずに、リンクが表示されなかった場合でも同じ検索結果画面内であればカウントされます。ユーザーが検索結果の1ページ目のみしか表示しなかった場合、検索結果の2ページ目に存在するWebページへのリンクはカウントされません。表示回数のカウント方法は「サイト別」か「ページ別（フィルター使用時）」で異なるため、合計値に差が生じます。検索結果画面に自社サイト内のページが2つ表示されたときの表示回数は、サイト別の場合には「1回」としてカウントされ、ページ別の場合にはページごとに別々にカウントされます。

▼表示回数

　なお、Search Consoleには、データの保存期間や表示量についての制限があります。データの保持期間は90日となっており、日付の範囲指定も90日までです。また、表形式のデータでは1,000件以上のデータは取得できません。

Chapter 9
Section 04

Keyword >> 検索アナリティクス / 検索クエリ / フィルタ / デバイス

検索アナリティクスでさらに詳しく調べる

Search Consoleの「検索アナリティクス」では、前節で見た4つの指標とフィルタを活用することで、詳しい検索パフォーマンスの状況を確認できます。ここでは、ページごとの検索クエリや、デバイス別の検索クエリの傾向の調べ方を解説します。

ページごとの検索クエリのパフォーマンスを確認する

　主要な検索エンジンではすでにHTTPSを導入しているため、Googleアナリティクスではユーザーのクエリのデータを取得することができず、「not provided」と表示されます。しかし、Search Consoleの「**検索アナリティクス**」を利用すれば、Googleの検索クエリのデータを確認できます。集客につながったクエリをWebページごとに調べる場合、次の手順で操作します。

① Search Consoleにログインして、「検索トラフィック」**1**→「検索アナリティクス」**2**をクリックします。

② ページごとにパフォーマンスを調べるため、フィルタの中から「ページ」を選択します**3**。

③ 調べたいページのURL部分をクリックし**4**、フィルタの中から再び「クエリ」を選択すると**5**、下図のように**選択したページが検索された際に使用されたクエリ**を確認できます**6**。SEOを実施した結果、クリックや表示回数が改善しているか、全体的に数値が大きく変化していないかといった点も、この画面で確認できます。

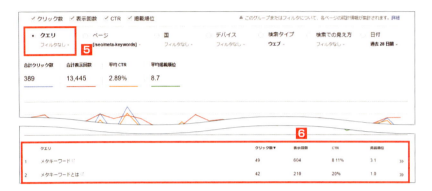

デバイス別の傾向を把握する

① P.248②の画面で「デバイス」の下の▼をクリックし、「デバイスを比較」を選択します。
比較したいデバイスを選択し**1**、「比較」をクリックします**2**。

② すべての指標にチェックを付け「ページ」を選択すると**3**、下図のような結果が表示されます。「**パソコンでは表示回数が多いがモバイルではほとんど検索されない**」など、デバイス別にページごとの傾向をつかめます。モバイル端末の利用者が多いページはとくに、モバイル端末での表示速度やモバイルフレンドリーといった、使いやすさにおける配慮が重要です。

Chapter 9
Section 05

Keyword >> Googleアナリティクス / Search Console / 連携

GoogleアナリティクスをSearch Consoleと連携する

Googleアナリティクスでは、Webサイトを訪れたユーザーの行動を分析することができ、Search Consoleでは、Google検索上でのユーザーの行動を知ることができます。それぞれを連携させて、1つのデータとしてまとめて表示することが可能です。

GoogleアナリティクスとSearch Consoleを連携する

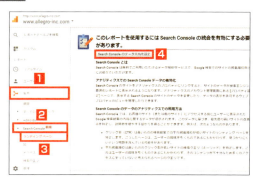

① Googleアナリティクスにログインし、Webサイトを選択します。「集客」**1** →「Search Console」**2** →「ランディングページ」**3** の順にクリックすると、左の画面が表示されるので、「Search Consoleのデータ共有を設定」をクリックします**4**。

②「プロパティ設定」が表示されます。ページを下方向にスクロールし、「Search Consoleを調整」をクリックします**5**。

③「Search Consoleの設定」が表示されます。「編集」をクリックします**6**。

250

④ 関連付けを行うSearch console上のWebサイトを選択し7、「保存」をクリックします8。

⑤ ポップアップが表示されるので、「OK」をクリックします9。

⑥ 「Search Consoleの設定」画面が表示されるので、「完了」をクリックします10。
P.250③の画面が表示されるので、下方向にスクロールして「保存」をクリックします。

　以上でSearch Consoleとの連携設定は完了です。「集客」→「Search Console」→「ランディングページ」の順にクリックすると、下のようなグラフと表が表示され、Search Consoleのデータが表示されます。

Search Consoleのデータ（ここではクリック数）

Chapter 9
Section 06

Keyword >> 検索クエリ / ランディングページ / エンゲージメント

獲得した検索クエリをGoogleアナリティクスで確認する

GoogleアナリティクスとSearch Consoleを連携していれば、コンテンツのパフォーマンスを詳しく確認できます。検索結果ページの表示回数やクリック率などSearch Consoleのデータと、直帰率などGoogleアナリティクスのデータを1画面で確認できます。

 ## Search Consoleのランディングページを確認する

ランディングページを軸に、Search ConsoleとGoogleアナリティクスのデータを確認するには、Googleアナリティクスにログインして「集客」→「Search Console」→「ランディングページ」の順にクリックします。表示回数やクリック数、平均掲載順位などSearch Consoleからの検索観点のデータと、セッションや直帰率、コンバージョンなどエンゲージメント（ユーザーとの結びつき）に関する値が表示されます。

コンバージョンにつながりやすいランディングページがわかれば、そのページの表示順位やクリック率を改善することで、コンバージョンの向上が可能です。逆に、**「クリック数やセッションは多いがコンバージョンに一切つながらないランディングページ」は、まだ最終決定段階ではないユーザーが集まっている可能性があります**。無理にコンバージョンにつなげようとせず、ほかのコンテンツも見てもらえるようにナビゲーションを工夫しましょう。

▼ランディングページ

作成したページで集客した検索クエリを確認する

　Googleアナリティクス上で検索クエリを確認する際に、「集客」→「キャンペーン」→「オーガニック検索キーワード」の順にクリックすると、次のようにセッションの97%程度が、「not provided」（不明）と表示されます。

これでは、詳細なデータを見ていくことができません。そのため、以下のようにSearch Consoleの検索アナリティクスで確認します。

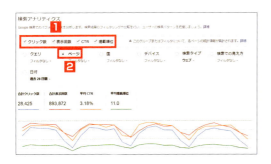

① P.248を参考に「検索アナリティクス」を表示して、「クリック数」、「表示回数」、「CTR」、「掲載順位」にチェックを付け**1**、フィルタの「ページ」を選択します**2**。

② 画面中段以降の表から、作成したコンテンツのページを選択します。再度「クエリ」のフィルタを選択し、画面中段以降にスクロールすると、指定したページで獲得した検索クエリの一覧が表示されます。

Chapter 9
Section 07

Keyword >> ユーザーサマリー / セッション / ユーザー / 直帰率

Googleアナリティクスでユーザーサマリーを確認する

Googleアナリティクスの「ユーザーサマリー」では、Webサイトを訪れるユーザーの行動の"質"を確認することができます。ただし、データを見るだけでは意味がありません。ここではまず、表示される用語やその意味について解説します。

ユーザーサマリーで行動の質を見る

Googleアナリティクスにログインし、「ユーザー」→「概要」をクリックすると、「ユーザーサマリー」画面が表示されます。以下では、それぞれの指標について解説します。

▼ユーザーサマリーの画面

セッション

セッションとは、ユーザーがWebサイトを訪問し離脱するまでの、特定期間内にWebサイトで発生した"一連の操作"のことです。

ユーザー

ある一定期間でそのサイトに訪問した、固有のユーザー（ユニークユーザー）のことです。同じユーザーが一定期間内に何度訪問しても、ユーザー数は1としてカウントされます。たとえばAさんが10時にWebサイトを訪問し、同日の18時に再訪問した場合、その日のセッション数は「2」、ユーザー数は「1」となります。

ページビュー数

ページビュー（PV）は、ブラウザーにWebサイト内のページが表示された回数のことです。たとえば、1回のセッションで4ページ閲覧されるとPVは4としてカウントされます。

ページ／セッション

1セッションあたりに閲覧された平均のページビュー数です。

直帰率

「直帰」とは、ユーザーがサイト内の1ページのみを閲覧して離脱してしまったセッションのことで、直帰率は直帰のセッション数を全セッション数で割った値です。直帰率が高いと、"そのページに満足せずにすぐに離脱した"と解釈されがちですが、実際は**コンテンツを熟読したあとで、別のページに遷移せずに満足して離脱した場合も含まれるため、直帰率が高いからといって必ずしも問題であるとは言い切れません**。

新規セッション率

全セッションに対する、新規訪問セッションの割合のことです。

平均セッション時間

セッションの平均時間です。アナリティクスのしくみ上、離脱ページで滞在した時間は含まれません。

▼セッション時間の算出方法

Chapter 9

Section 08

Keyword >> Googleアナリティクス / チャネル / チャネル別の集客

作成したページのトラフィックをGoogleアナリティクスで確認する

「チャネル別の集客状況」を確認すれば、検索エンジン経由やSNS経由など、Webサイトを訪れる手段別の訪問数を知ることができます。ここでは、各チャネルの意味と、ページごとのチャネル別集客数の確認方法を紹介します。

 ## Webサイト全体のチャネル別集客を確認する

Googleアナリティクスで「集客」→「概要」をクリックすると表示される「集客サマリー」には、**どの手段でWebサイトが訪問されたか**を示す「チャネル」別のセッション数が表示されます。ここでは、各チャネルについて解説します。リスティング広告を行っていれば「Paid Search(有料検索)」も含まれます。

Organic Search
「自然検索」のことで検索エンジン経由での訪問を意味します。

Direct
ブラウザーにURLを直接入力して訪問された場合のほか、メールやブラウザーの「お気に入り」機能、RSSリーダー経由での訪問も含まれます。

Referral
「参照」のことで、外部サイトからのリンク経由での訪問を意味します。

Social
Twitter、Facebook、はてなブックマーク、Pocketなど、GoogleがSNSと認識しているサービス経由での訪問を意味します。

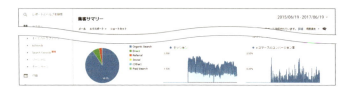

256

ページごとにチャネル別の集客を見る

　Webサイト全体のチャネル別集客状況では、作成したコンテンツがどの程度検索経由で集客できているかわかりません。**ページごとにチャネル別の集客状況を確認する**には、次の手順で操作します。

① Googleアナリティクスにログインし、「集客」**1** →「キャンペーン」**2** をクリックして、「オーガニック検索キーワード」**3** をクリックします。

② ページ中段に表示されている「プライマリディメンション」内の、「ランディングページ」をクリックします **4**。

③ 画面中段以降の表を見ると、ページ別の集客状況を確認することができます。想定よりも集客できていない場合には、**ターゲットとするキーワードの順位やタイトル、スニペット文の内容、コンテンツの質などを改善**していきましょう。

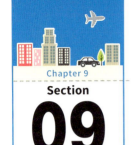

Chapter 9
Section 09

Keyword >> ユーザー行動 / ナビゲーションサマリー / ページ遷移

ユーザー行動を分析して成果に結びつける

Googleアナリティクスでは、コンテンツ閲覧後のユーザー行動を確認することもできます。作成したコンテンツが即、集客に結びつくケースは稀です。配置するリンクを精査して、さらに価値あるコンテンツを案内し、ユーザーとの関わりを深めましょう。

 ランディングページからのユーザー行動を確認する

検索エンジン経由や外部参照リンクなど、さまざまなパターンで作成したコンテンツが見られるようになったら、**そのコンテンツがユーザー行動にどのように影響を及ぼしているか**確認してみましょう。次の手順で操作します。

① 「行動」→「サイトコンテンツ」→「ランディングページ」の順に選択して、作成したコンテンツをクリックすると、選択されたページに絞り込まれ、左のように表示されます1。「入口からの遷移」をクリックします2。

② 指定したランディングページの次に表示したページが、「2ページ目」として表示されます。

②でさらにURLをクリックすると、2ページ目を見たあとの、最終的に離脱したページを見ることができます。

ランディングページや、セッションの途中で閲覧されるケースも含めて前後のユーザー行動を見るには、ナビゲーションサマリーを確認します(次ページ参照)。

ナビゲーションサマリーで詳細なユーザー行動を確認する

ランディングページ、離脱ページ、セッション途中のページなども含めて、指定したページの閲覧前後のユーザー行動を見るには、次の手順で操作します。

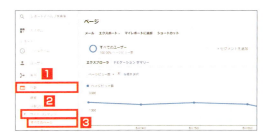

①「行動」1 →「サイトコンテンツ」2 →「すべてのページ」3 の順にクリックし、前後のユーザー行動を確認したいページをクリックします。

②「ナビゲーションサマリー」をクリックします4。

③ 以下のように、閲覧前のページと閲覧後のページ遷移を確認することができます。

コンテンツに配置したリンクがユーザーの役に立つものであれば、リンク先のページも見てもらいやすくなります。**目標に結びつきやすいページであれば、リンクの配置場所は成果に大きく影響します**。コンテンツの上部、中部、下部、サイドメニューなどさまざまな位置でテストしてみて、もっとも効果的な場所に配置しましょう。リンクの色、文言、デザインなども重要です。

Chapter 9
Section 10

Keyword >> 目標 / コンバージョン数 / 目標の完了数 / 目標値 / コンバージョン率

Googleアナリティクスを活用して目標達成の精度を上げる

Googleアナリティクスで目標を設定すれば、その目標が達成される数や割合を測定することができます。ECサイトにおける購入完了ページや、企業サービスの申し込みフォームの送信完了ページの表示を、目標として設定するケースが一般的です。

 ## コンバージョンとは？

　コンバージョンとは、あらかじめ設定した目標が達成されたことを示す指標です。そのため「**コンバージョン数**」というときは、**目標達成の件数**を意味します。通常は、サービス申し込みや商品購入の件数を目標として設定しますが、無料サンプル申し込みや体験版ダウンロード、メルマガの定期購読など、直接的には利益に結びつかないユーザー行動を目標に設定することもあります（P.93参照）。Googleアナリティクスで設定した目標の達成度合いを確認する場合は、左メニューの「コンバージョン」→「目標」をクリックして「概要」をクリックします。下のような画面が表示され、目標の完了数や目標値、コンバージョン率を確認することができます。

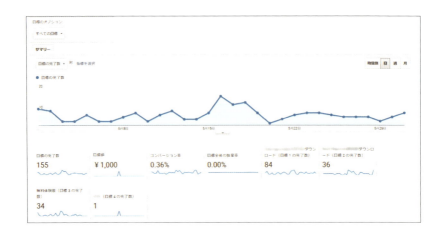

「**目標の完了数**」には、目標達成（コンバージョン）の合計数が表示されます。
「**目標値**」には、コンバージョン設定時に割り当てた金額の合計が表示されます。
「**コンバージョン率**」には、合計コンバージョン数を合計セッション数で割った値がパーセントで表示されます。

Googleアナリティクスでは、レポートのビュー上で最大20個の目標を設定することができます。

① 個々の目標に絞り込んで表示させるには、目標のオプションの「すべての目標」をクリックします**1**。

② Googleアナリティクスで設定した目標が表示されます。この中から目標を選択します**2**。

③ 選択した目標に対する、コンバージョン数やコンバージョン率が表示されます**3**。

適切な目標設定と定期的な検証は、Webマーケティングを行ううえで欠かせません。さまざまなテストを行い、コンバージョン数やコンバージョン率の変化を計測して、最適な施策を見つけていきましょう。

Chapter 9
Section 11

Keyword >> 目標 / ユーザーエクスプローラ / ユーザー行動

目標に到達するまでのユーザー行動を確認する

1回のセッションで成果に結びつくとは限らず、何回かの再訪によって購入にいたるケースも想定されます。Googleアナリティクスの「ユーザーエクスプローラ」を活用して、成果に至ったユーザーの行動をより詳細に分析しましょう。

ユーザーエクスプローラでユーザー行動を確認する

①「ユーザー」1→「ユーザーエクスプローラ」2 をクリックします。
セグメント（ユーザーの分類）を使用するため、「すべてのユーザー」をクリックします 3。

②「すべてのユーザー」のチェックを外し 4、「コンバージョンに至ったユーザー」にチェックを付けて 5、「適用」をクリックします 6。

③ コンバージョンに至ったユーザーのクライアントIDが一覧で表示されます。たとえば1番目のクライアントIDをクリックすると 7、**該当するユーザーがコンバージョンに至るまでと、その後の行動を選択した期間の範囲で見ることができます。**

分析

Chapter 10

SEOを継続していくための
テクニック

更新・改善

質の高いコンテンツを作成し、内部対策をしっかりと行っても、その後放置してしまえば順位は下がってしまいます。最新情報を含めてコンテンツを更新したり、効果の低いWebページを改善したりして、継続的に取り組むことが大切です。

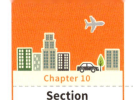

Chapter 10
Section 01

Keyword >> 更新頻度 / 文字数 / コンテンツの追加 / 既存コンテンツの編集

Webサイトの更新頻度は重要？

更新頻度を上げると検索エンジンからの評価も高まるといわれていますが、それは正確ではありません。ページ上のテキストを毎日少しずつ変えていっても、それが評価されることはありません。ここではコンテンツを更新する意味について解説します。

 ## Webサイトを更新する意味

　Webサイトの更新頻度については、よく「毎日1行でもページの内容を書き換えるべき」や「ページ数を毎日増やせばSEOで有利になる」などといわれますが、いずれも間違った認識です。これらの方法は、検索エンジンばかりを意識してユーザー体験を考慮していない、典型的な例だといえるでしょう。

　そもそも、**「更新頻度が高ければ優秀なサイトだろう」という認識は正しくありません**。価値あるコンテンツを追加したり、古いコンテンツに最新情報やトピックを含めて編集したりといった、情報の鮮度を保つための取り組みであれば、Webサイトを更新する意味があります。

▼意味のない更新の一例

新しいコンテンツを追加する

　Webサイト上でまだ扱っていないトピックについて、検索ユーザーに役立つ質の高いコンテンツを作成しましょう。**扱うトピックに検索の需要があれば、これまでに検索されたことのない新しいクエリで検索される機会が増え**、以下のグラフのように新たなトラフィック獲得につながります。

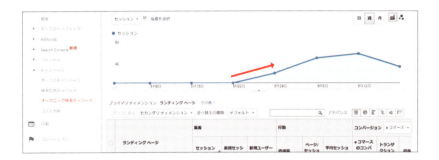

既存のコンテンツを編集する

　法律関連やIT関連などのテーマでは、外部環境が目まぐるしく変化します。そのような分野のトピックを扱う場合は、時間が経過するとともに過去に作成したコンテンツの内容も古くなっていくため、既存のコンテンツに新しい情報を含めるなど、コンテンツ全体を見直しましょう。古いコンテンツを最新の状態に修正することで、**ユーザーは古い情報に惑わされることがなくなり、検索エンジンも更新されたコンテンツを再評価するようになります**。既存コンテンツの質を改善すると、以下のグラフのように、より多くのトラフィック獲得につながることがあります。

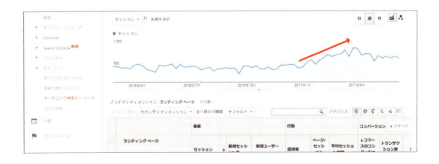

Chapter 10
Section 02

Keyword >> 順位確認ツール / 順位推移 / ファーストビュー

コンテンツ作成後の順位やトラフィック

コンテンツの数が増えれば増えるほど、ターゲットとするクエリの順位の確認作業に時間を取られます。作成したコンテンツが成果につながるようになってきたら、SEOの管理ツールを使うと効率的です。ここでは、順位データの見方について解説します。

 ## 表示順位を管理して、Webサイトの状況を把握する

　コンテンツが増えてくると、個々のコンテンツの順位やトラフィックの確認作業も増えてきます。コンテンツが上位表示されても、そのまま放置していれば徐々に下がってしまうでしょう。日々の表示順位を計測していれば、順位が下がりはじめた際にすばやく察知して、対応することができます。**日々の順位を確認してくれるツール**があるので、積極的に活用しましょう。ツールには、パソコンにインストールするタイプと、Web上でログインするタイプの2種類があります。

　パソコンにインストールするタイプのツールは、パソコン上で順位の履歴を確認でき個人利用に向いていますが、企業内での情報共有には向いていません。一方で、Web上でログインするタイプのツールはクラウドタイプのサービスなので、インターネットが利用できればどこからでも履歴を確認することができます。そのため、企業などの組織での情報共有にも向いています。以下は、それぞれ筆者の企業で提供しているツールです。

▼パソコンにインストールするタイプのツール

Rank Reporter
（https://www.allegro-inc.comの中段から製品ページへ移動可能）

▼Web上でログインするタイプのツール

Spresseo
（https://spresseo.com/）

コンテンツ公開後の順位推移

　公開したコンテンツは、すぐに検索結果に表示される場合もあれば、数日かかる場合もあります。ライバルよりも質の高いコンテンツを作成できれば、数日から1カ月ほどで、ターゲットとするクエリで上位表示されることもあります。

　それなりに検索母数のあるクエリの場合には、検索結果の1ページ目と2ページ目ではクリック率に大きな差があります。1位～3位なら大抵の場合はファーストビューに含まれるので、クリック率も高くなります。反対に、ターゲットとするクエリでトップ10に入れなければ、クリックされる確率が極端に低くなります。まずはターゲットとするクエリで10位以内に表示されるように、質の高いコンテンツ作成や既存コンテンツの改善を行っていきましょう。ファーストビューに表示されるようになれば、大きなトラフィックを獲得できます。

　表示順位を見ていく際には、「1～3位」のファーストビューのグループ、「4～10位」の1ページ目のグループ、「11位以降」のグループで分けて管理すると、直接トラフィックに影響するような順位の変化を認識しやすくなります（ツールによっては、このような観点で競合と比較することもできます）。

▼表示順位別のキーワード数推移

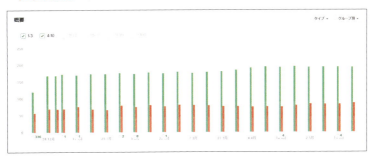

COLUMN　ランキングの下降をすばやく検知する

SEOの成果が出て上位表示されても、そのまま放置しているとライバルに抜かれて徐々にランキングは下降し、トラフィックも減少していきます。ターゲットとするクエリの順位を日々計測しておいて、順位が下降してきたらすばやくコンテンツの改善を行いましょう。

Chapter 10
Section 03

Keyword >> クローラー / canonical属性 / タイトルタグ / ライバル

順位が上がらない場合のチェックポイントを知る

コンテンツを作成してもなかなか順位が上がらず、なかなか成果につながらないようであれば、その後のモチベーションも下がってしまうでしょう。ここでは、順位が上がらない場合にチェックすべき点を解説します。

検索エンジンがページを認識しているかどうかを確認

コンテンツを作成してもなかなか順位が上がらない場合は、「**検索エンジンが正しく認識できているか？**」、「**ライバルよりも優れたコンテンツとなっているか？**」という2つの視点からチェックしましょう。

トップページからリンクでたどれるページとなっているか

リンクでたどれない場所にページを公開していては、クローラーに認識されません。トップページからリンクをたどっていけるかどうか確認しましょう。

クローラーの巡回をブロックしてしまっていないか

robots.txtの記述ミスなどで、クローラーの巡回をブロックしてしまっている場合も稀にあります。再度P.132を確認しましょう。

インデックスを拒否してしまっていないか

クローラーがページを巡回したとしても、インデックスを拒否する記述があれば、検索結果にはいつまでたっても表示されません。P.76を確認しましょう。

canonicalの指定先が誤っていないか

canonical属性の指定には知識が必要なため、指定先をすべてトップページに向けてしまうなど、誤って指定してしまうミスがしばしば起こります。検索エンジンの処理に影響する可能性もあるため、再度P.138を確認しましょう。

コンテンツは作成したら終わりではない

　正しくページが認識されているにも関わらず、1カ月以上経っても一向に順位が改善しない場合は、以下のような点を確認しましょう。

ユーザーの意図にマッチしたコンテンツとなっているか？

　大前提として、ユーザーの検索意図にマッチしたコンテンツでなければ、順位には反映されません。関連キーワード取得ツール（P.190参照）やキーワードプランナー（P.192参照）を使って、クエリの意図を調査しましょう。

タイトル文にターゲットとなるクエリを含めているか？

　以前と比べると、タイトル文にターゲットのクエリが含まれていなくても上位表示される可能性は高くなっています。それでも**現時点では、タイトルタグにターゲットのクエリを含めておくことは、もっとも手軽で順位に直結する施策です。**

競争の激しい検索クエリを選択している

　ライバルのコンテンツが増えてくればその分、質の面でも競争は激しくなっていきます。競争の激しい検索クエリの場合は、かんたんには順位に反映されないため、長期的な視点で考える必要があります。

すでに似たようなテーマのコンテンツを作成している

　同じWebサイトで似たようなページが2つある場合は、検索結果の多様性を保つために、大抵はどちらか1つのページが検索結果に表示されます。

　似たようなクエリをターゲットにコンテンツを作成するのではなく、すでにあるコンテンツに追記し、再編集して1つのページに集約しましょう。

> **COLUMN　コンテンツは定期的に編集する**
>
> コンテンツは、一度作成して終わりではありません。最初は順位が上がらなくても、定期的に最新情報を含めて編集することで向上していきます。また、新しいコンテンツを作成したら、その分野に詳しい人や、興味がある人にわかりにくい部分や不足したトピックがないか指摘を求めるのもおすすめです。

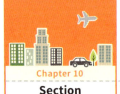
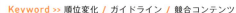

Chapter 10
Section 04

Keyword >> 順位変化 / ガイドライン / 競合コンテンツ

上位表示からの急な順位降下に対応する

ターゲットとするクエリで上位表示されたとしても、急激に順位が下降してしまうこともあります。競争の激しいクエリでは、半年から1年くらいの期間が経過すると、順位が下降していきます。ここでは、順位変化の主な要因について解説します。

表示順位は上がったり下がったりする

　日々のランキングを計測していれば、急激な順位変化や緩やかな順位の下降を見逃さずに、すばやく対処できます。順位の変動は、noindexなどのSEOに関する設定ミスを除けば、次のような外部要因によって起こります。

Googleの手動対応

　ガイドライン違反が原因でGoogleから手動による対策が行われると、検索順位が大きく下降します。Search Consoleの「手動による対策」を確認しましょう（P.242参照）。

アルゴリズムによるマイナス評価

　ガイドラインに違反すると、スパムを取り締まるアルゴリズムによって、評価が減点される場合があります。ガイドラインを理解し質の高いコンテンツ作成を意識していれば、あまり心配する必要はありません。

ウェブマスター向けガイドライン（品質に関するガイドライン）
https://support.google.com/webmasters/answer/35769/

アルゴリズムのアップデート

影響の大きいアルゴリズムのアップデートや新アルゴリズムは、Googleの「ウェブマスター向け公式ブログ」でアナウンスがあります。

競合コンテンツの改善や、新たな競合コンテンツが出てきた場合

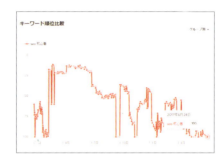

ターゲットとするクエリで上位表示されたとしても、コンテンツの情報が古くなったり、新たな競合コンテンツが登場したりするため、既存のコンテンツを改善していく必要があります。コンテンツを放置していれば、順位は徐々に下降します。

下の画面は、ある検索クエリで上位のサイトの、表示順位の推移を記録したものです（緑の線が自分のWebサイト）。黄色の線を見ると、ライバルサイトがコンテンツ改善に取り組んでいることは一目瞭然です。逆に赤い線のように、放置されているWebサイトは下がっていきます。

表示順位は、検索エンジンの改良やユーザーの意図の変化、その分野の情報の変化、ライバルサイトの変化など、多くの外的要因によって変化します。環境の変化に合わせて最新の情報を含め、変化した検索ユーザーの意図に合わせてライバルとの差別化も考えながら、コンテンツを改善していきましょう。

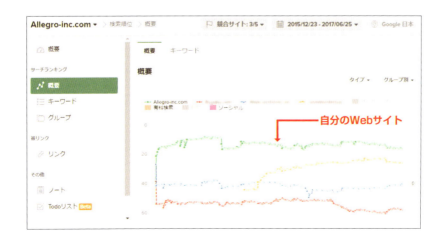

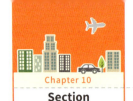

Chapter 10 Section 05

Keyword >> コンテンツ改善 / ライバルコンテンツ / 投稿日 / URL

既存コンテンツを改善・強化する

作成したコンテンツが、思ったよりも狙ったクエリで上位表示されない場合や、一度は上位表示されたものの順位が下がり始めた場合は、そのコンテンツを放置せずに強化しましょう。ここでは、コンテンツ強化のポイントについて解説します。

 ## コンテンツ改善の際に考慮すべきポイント

検索ユーザーの意図は時間が経つと変化する

　同じクエリでも時間が経過すれば、ユーザー意図が少しずつ変化します。ユーザーの意図を調査するには、P.197で解説した「関連キーワード取得ツール」や、Yahoo!知恵袋などを活用します。

コンテンツで扱っている情報は時間が経つと古くなる

　ブログで扱うテーマの中には、情報の変化が激しく、1年も経てばコンテンツが古くなってしまうものもあるでしょう。**検索エンジンは、古い情報を扱うコンテンツよりも最新情報を扱っているコンテンツを評価します**。最新の情報があれば、その情報を含めてコンテンツを更新しましょう。

ライバルもコンテンツを改善している

　ライバルのWebサイトも当然、SEOを意識してコンテンツを改善しています。また、既存のライバルだけではなく新規のコンテンツがライバルとして出現することもあります。P.198の手順でライバルコンテンツの状況を調査し、次の3つの要素でライバルよりも優れたコンテンツとなるように改善しましょう。

- ライバルよりも広い範囲のトピック（情報の幅）
- ライバルよりも専門的で詳しい（情報の濃さ）
- ライバルにはないオリジナルの情報を含む（独自性）

投稿時の日付の扱い

　最新情報を含めた更新や大幅な変更時には、投稿日を最新の日付に変更しましょう。WordPressでブログを作成している場合は、次の手順で操作します。

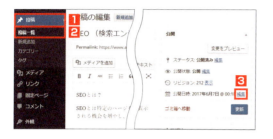

① WordPressにログインし、左メニューの「投稿」1→「投稿一覧」2をクリックし、再編集した投稿記事を選択します。
「公開日時」の「編集」をクリックします3。

② 日付を最新の状態にして4「OK」をクリックし5、「更新」をクリックします6。

既存コンテンツのURLは変更しない

　URLを変更せずに記事を更新すれば、ソーシャルブックマークや被リンクなどの評価を蓄積していくことができます。既存コンテンツの改善後には、検索エンジンがクロールして再評価します。ユーザーが満足するコンテンツであれば、表示順位が改善する可能性があります。下の左の記事は、A～Cの3つのトピックから構成されていますが、トピックCは削除し、トピックDを加えて再編集し、コンテンツページのURLは変更せずに更新しています。

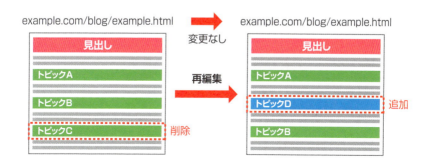

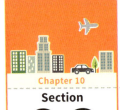

Chapter 10
Section 06

Keyword >> 改善・強化のサイクル / クエリの範囲 / キーワードプランナー

コンテンツを追加し改善・強化のサイクルを回す

ブログの立ち上げ当初に選定した検索クエリをもとに、コンテンツの品質改善を繰り返していくと、徐々に成果につながっていくはずです。一定の成果を達成することができたら、次の施策を検討しましょう。

 ## 次の施策の検討

コンテンツ作成とその後の分析は、繰り返し、定期的に行いましょう。作成したコンテンツの表示順位や検索エンジン経由でのセッション、目標に直接または間接的に結びついているかどうかなど、分析を行うことで改善すべき点が見えてきます。

作成したコンテンツがターゲットとするクエリで10位以内にランクインしていない場合には、既存コンテンツを見直し、ライバルよりも優れたコンテンツにしていきます。さらに**ターゲットとするクエリの範囲を広げてコンテンツを作成**するか（コンテンツの数を増やす）、それとも既存コンテンツの改善に注力するか（質を高める）判断し、**改善・強化のサイクル**を回していきましょう。

▼コンテンツの改善・強化サイクル

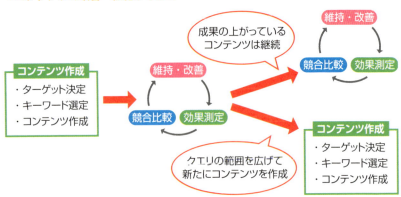

クエリの範囲を広げてコンテンツを作成する

ターゲットとするクエリの範囲を広げる場合は、これまで軸としていたクエリとは異なる軸を見つけていきます。軸となるクエリを定めたあとの、キーワード選定とコンテンツ作成の計画手順は次の通りです。

① P.190で使用した関連キーワード取得ツールで、軸とするキーワードのサジェストワード一覧を取得します。

② P.192〜193を参考に、キーワードプランナーでサジェストワード一覧の中から、一定以上の検索ボリュームがあるクエリに絞りこみます。

順位計測を行っている場合は、抽出したクエリ一覧をこの段階で登録しておきましょう。軸とするキーワードを広げていった場合には、当然監視すべきクエリやコンテンツが増えるため、新鮮な情報を追記するなど、記事の品質を維持する作業に手間がかかるようになります。**新しい軸でコンテンツを作成する際には、慎重に記事の品質を保つための妥当なラインを判断し、広げ過ぎないようにしましょう。**

SEOの取り組みは筋力トレーニングやダイエットに似ているかもしれません。外部の誰かにすべてお任せできるわけではなく、自分自身で取り組む必要があります。また、正しい方法で継続的に行わなければ成果に結びつきません。継続できなければ筋力が落ち、もとの状態に戻ってしまいます。日々の状態をチェックし、目標に向かって継続して改善していきましょう。

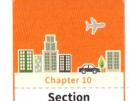

Chapter 10
Section 07

Keyword >> 類似コンテンツ / コンテンツの統合 / 内部リンク / 301リダイレクト

複数のコンテンツを統合する

長くブログを運営していると、似たようなクエリをターゲットにした、類似するコンテンツを作ってしまうこともあります。そのような場合は、コンテンツを1つに統合することで、評価を1ページに集約することができます。

類似コンテンツの統合方法

　SEOに取り組み始めて間もない頃は、クエリの意図についての理解が十分ではなくコンテンツの書き方が洗練されていないため、似たようなコンテンツを作成しがちです。たとえば、ターゲットとするクエリが同じで内容も似ている、「A」と「B」というコンテンツがあったとします。これらのページには、ページランクの評価が分散して割り振られます。**分散した評価を集約するためには、AとBのコンテンツのうち、どちらかのページに統合する必要があります**。削除対象のページの条件は、次の通りです。

- ページを閲覧するユーザーがまったくいない、または微々たるもの
- 削除してもビジネス上の影響がないコンテンツ（特定商取引法のページやプライバシーポリシーのページは必要なので削除しない）

▼コンテンツ統合による評価の変化

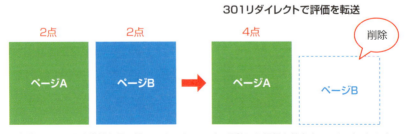

※実際はこのような単純な足し算ではありませんが、分散した評価を統合することができます。

コンテンツの統合手順

1. コンテンツのトピックを1ページにまとめる
　ページAにページBの内容を追記し、再編集後にページAを更新します。ページAとページBで扱う内容が若干異なる場合には、ページAにすべての情報をまとめて内容の濃いコンテンツにしましょう。

2. 内部リンクの修正
　ページBへ向けたサイト内のほかのページからの内部リンクを、ページAに向けて修正します。301リダイレクトを行いますが、リダイレクト自体はページの表示速度にも影響します。不要なリダイレクトは避けるようにしましょう。

3. 301リダイレクト
　ページBからページAに301リダイレクトを設定することで、ユーザーをページAに転送するだけでなく、ページランクも転送することができます。

4. 最終確認とページ削除
　ページBのURLをブラウザーで表示し、ページAに正しく転送されるか確認します。正しく設定されていれば、ページBを削除しましょう。

　下のグラフは、統合後のオーガニック検索トラフィックの推移です。**統合が適切であれば、順位やトラフィックが改善していきます**。

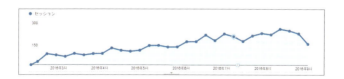

> **COLUMN　削除対象ページかどうかを判断する**
>
> P.276で紹介した削除対象ページの条件に当てはまるかどうかを判断するには、各ページのセッション状況を確認します。Googleアナリティクスで「行動」→「サイトコンテンツ」→「すべてのページ」の順にクリックし、各ページのセッションを確認します。セッションがほとんどないページの内容は、別のページに追記してまとめ、削除しましょう。

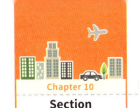

Chapter 10
Section 08

Keyword >> 必要な情報 / 顧客満足度 / CTA

集客や順位だけに注力せず信頼度の向上を図る

繰り返しとなりますが、SEOだけに注力すればWebサイトの売り上げが向上するということはありません。順位やトラフィックといった数字だけに意識を向けずに、ユーザー体験を向上させるような取り組みを行い、ユーザーの信頼を獲得しましょう。

ユーザーが必要とする情報のアイデア

SEOに縛られた考え方をしていると、検索クエリの需要ばかりに意識が向いてしまいがちです。リスティングやSEO、その他の広告を通して、ユーザーとの接点を増やすことができても、そのユーザーが必要とする情報がWebサイトになければ、目標にはつながりません。

購入前にユーザーが調べる情報

目的の商品が市場を独占している場合を除き、**ユーザーは購入前に類似の商品のスペックや価格、評判を確認します**。価格などの必要な情報を隠し、詳細な情報を提供していない場合は、商品選定の時点で候補から漏れてしまうかもしれません。以下のような情報は、購入の後押しになります。

決済や商品選定の手続き上必要な情報	信頼性を確認できる情報
価格やスペックが記された商品説明資料など	・似たような状況のユーザーの評判 ・導入の実績 ・企業情報　など

キャンペーン情報	商品やサービスの品質を確認できる情報
期間限定のディスカウント情報など	・商品の外観がわかるフォトや動画コンテンツ ・詳細なスペックなどの情報 ・セミナー情報 ・試供品や無料トライアルの提供 ・受賞歴の情報　・返品／返金ポリシー ・アフターケア　など

購入後にユーザーが調べる情報

　商品が売れても、それでおしまいではありません。その後のことも考えると、商品の質やアフターサービスが重要となります。ユーザーが必要とする情報をWebサイトに公開して、顧客満足度を高めましょう。

▼顧客満足度アップにつながる情報の例

商品やサービスの活用方法

・使い方マニュアル
・ケーススタディ
・効果的な事例　など

トラブル解決方法

・FAQ
・サポート問い合わせ先情報

Q.キャンセルは可能ですか？
A.以下の場合のみ、可能です。

ユーザー向けのイベント

・セミナーや勉強会
・顧客限定のキャンペーン

購入者限定！○○セミナー開催
開催日：〇月×日　△△：□□〜

　ユーザーからの信頼を獲得しファンが増えてくれば、クチコミが増え、購入者がその商品を知人に薦めてくれるかもしれません。また、評判自体が新たな顧客獲得の後押しとなるでしょう。コンテンツ活用のメリットは、SEOのみではありません。これらのコンテンツは、それぞれ検索トラフィックの獲得にはあまり貢献しませんが、**目標達成の確率や目標達成後のブランドイメージの向上、リピート利用などにつながります**。

　これらのコンテンツはただ作るだけではなく、ユーザーが必要とするタイミングで見ることができるように、工夫しなくてはなりません。ブログ記事がユーザーの意図にマッチしたコンテンツとなっており、適切な文脈でCTA（P.210参照）を設置すれば、購買の後押しとなるコンテンツを見つけてもらいやすくなります。CTAの場所や、色、文言などはさまざまなパターンをテストし、コンバージョンや信頼獲得に結びつく効果的なパターンを見つけて改善していきましょう。

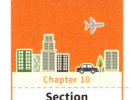

Chapter 10
Section 09

Keyword >> ウェブマスター向け公式ブログ / 英語版 / YouTube / 非公式発言

最新のSEO情報を定期的にチェックする

Googleやその他の検索エンジンは、これからもユーザーの利便性を求めて進化していきます。今後も、新たなアルゴリズムや機能が登場するかもしれません。ここで紹介するWebサイトで、最新情報を定期的にチェックするようにしましょう。

 ## SEO関連の情報を提供しているウェブサイト

ウェブマスター向け公式ブログ
(http://webmaster-ja.googleblog.com/)

GoogleのSEOに関する公式情報が、Webサイト運営者向けに提供されています。**新たなアルゴリズムや重要な修正に関する情報は、ここで定期的に確認しましょう。**

Google Webmaster Central Blog（英語）
(https://webmasters.googleblog.com/)

新たな機能は、英語圏から先に導入されるケースもあります。そのため、**英語版ウェブマスター向け公式ブログのほうが、情報の提供が早くなります。** 英語が読める人は、こちらもチェックしておきましょう。

Google Webmasters

(https://www.youtube.com/user/GoogleWebmasterHelp)

　YouTubeチャンネル上にも、Googleが解説するさまざまな言語の動画コンテンツがあります。「Japanese Webmaster Office Hours」では、日本のGoogleスタッフがさまざまな質問に回答しています。英語が得意な人は英語圏での解説も確認できるため、理解を深めたい場合にはおすすめです。YouTubeで「チャンネル登録」しておきましょう。

Search Engine Land（英語）

(http://searchengineland.com/)

　海外のインタビューや、Twitter上でのGoogleスタッフの非公式な発言など、検索エンジンに関する情報を扱うニュースメディアです。ここで情報を確認しているSEO担当者は、比較的多いかもしれません。ただし、非公式な発言も取り上げるため、2人のスタッフが正反対の発言をしていたり、1人のスタッフが発言した内容が、時間が少し経つと少し状況が変わり、別のスタッフによって発言内容が変わったりすることがあります。混乱を招くこともありますが、Google内部でも情報は常に変化していることを理解しておきましょう。

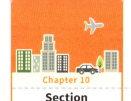

Chapter 10　Section 10

Keyword >> 通信環境 / 検索数 / チャネル

検索と購買行動の多様化に対応する

スマートフォンの登場によって検索の機会は増え、情報収集や購買行動は複雑化してきています。Googleは今後も、アルゴリズムを改良するでしょう。サイト運営者も、多様化する利用環境やユーザー行動に対応しなくてはなりません。

利用環境の変化を想定して対処する

　検索エンジンが登場した当初はパソコンユーザーの利用を想定したアルゴリズムが採用されていましたが、現在はモバイル検索が検索全体の半数を超えたことで、モバイルユーザーの利用を重視したアルゴリズムへと変わりつつあります。Googleは、モバイルで操作しやすいページかどうか（モバイルフレンドリー）を評価対象に含めるようになり、そう遠くないうちに、モバイルページをメインに評価するようになります（モバイルファーストインデックス：P.156参照）。**モバイルユーザー向けの最適化はもはや必須の取り組みとなっており、モバイルの通信環境を考慮した表示速度の改善も必要となるでしょう。**

　しかし、パソコンユーザーを無視してよいわけではありません。「Google now handles at least 2 trillion searches per year」（http://searchengineland.com/google-now-handles-2-999-trillion-searches-per-year-250247）によると、2015年には半数以上がモバイル検索になっていますが、**検索数自体が伸びており、パソコンでの検索が減っているというわけではありません**。インターネット利用の頻度が増え、複数の端末で検索されるようになった結果です。

▼Googleの年間検索数の推移

2015年7月29日のGoogle Ads Expertsで公開された調査（https://www.google.co.jp/ads/experts/blog/purchase-channel.html）では、次のような発言がありました。

> スマートフォンユーザーの81%が、スマートフォンで商品やサービスの情報を収集したことがあると回答しました。そして、スマートフォンで情報収集を行ったユーザーのうち、36%がその後パソコンで商品やサービスを購入し、24%はオフラインで購入しています。

▼スマートフォンユーザーの購買プロセス

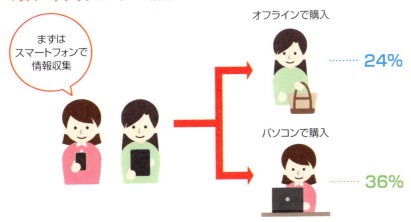

　ユーザーはまずスマートフォンで情報を調べ、その後、状況に適したチャネルで購買することがわかっています。現在では、さまざまな状況で検索する機会が増え、状況によってデバイスを使い分けるようになっています。そのため、パソコンとスマートフォンどちらの端末でも、Webサイトを快適に利用できるよう、配慮しなければなりません。

　今後の技術の発展によって、よりユーザーの環境は多様化し、購買行動も複雑化してくるでしょう。「Googleが評価してくれる」、「SEOに適していない」という判断基準ではなく、ユーザーの行動を理解し、ユーザーにメリットのある施策や改善に取り組むようにしましょう。本質的に価値のある施策であれば、直接的にユーザーの行動にも影響し、Googleの評価もあとから付いてくるはずです。

索引

英数字

301リダイレクト	123, 215, 277
404エラー	142
5W1H	84
All in One SEO Pack	98
alt属性	110
Amazon	58
Atomフィード	130
aタグ	207
Bing webマスターツール	69
canonical属性	80, 138
CTA	210
CTR	246
CV	25
DNSエラー	244
Facebook	234
Facebookボタン	230
feedly	221
feedlyボタン	222
Flash	160
FTP	65
Google	36, 40
Google Webmaster Central Blog	280
Google Webmasters	281
Googleアナリティクス	92, 126
GoogleアナリティクスとSearch Consoleを連携	250
Googleマイビジネス	71
HTMLの改善	242
HTTPS	120
hタグ	108
nofollow属性	148
noindex	76

Noto Fonts	75
Outlook	221
PageSpeed Insights	125, 128, 169
PageSpeedスコア	127
PV	25
Rank Reporter	266
robots.txt	78, 132
robots.txt取得エラー	244
robots.txtテスター	79
RSSフィード	130, 220
Search Console	64, 224, 242
Search Consoleヘルプ	28
Search Engine Land	281
SEO	14
sitemap.xml	68
SNS	212, 228
SNS投稿	239
SNSのコメント	240
SNSのフォロワー	238
SNSボタン	228
Spresseo	266
SSL対応	120
SXO	18
Twitter	232
Twitterボタン	231
URL	208, 273
URLエラー	245
URL構造	134
URLを正規化	138
Webフォント	75
XMLサイトマップ	66, 165
Yahoo!	17, 36
Yahoo! JAPAN	17
YouTube	236

INDEX

あ行

アウトライン	200
アクセス拒否のエラー	245
アノテーション	164
アルゴリズム	14, 35, 50
アンカーテキスト	112, 218
位置情報	47, 53
インタースティシャル	166
インデックス	35, 44
インデックスステータス	243
インフォメーショナルクエリ	56, 178
ウェブマスター向けガイドライン	54
ウェブマスター向け公式ブログ	271, 280
閲覧履歴	52
オーガニック検索	16, 48
オートコンプリート	190

か行

改善・強化のサイクル	274
ガイドライン	88
関連キーワード	85
関連キーワード取得ツール	190
キーワードプランナー	117, 182, 192, 194
キーワードリスト	195
強調スニペット	48, 204
クエリの範囲	275
クリック数	246
クリック率	17
グローバルナビゲーション	141
クローラー	34, 43
クロール	35, 42

掲載順位	247
検索アナリティクス	248
検索意図	21, 116
検索エンジン	14, 34
検索エンジンの歴史	38
検索クエリ	21, 248
検索クエリの意図	47, 51
検索クエリを確認	253
検索結果	22, 36
検索ボリューム	192
広告コンテンツ	86
「広告」ラベル	40
更新頻度	264
構造化データ	144, 243
構造化データ マークアップ支援ツール	146
コンテンツ改善	272
コンテンツの質	32, 172
コンテンツの質と量	174
コンテンツの鮮度	90
コンテンツの統合	276
コンテンツの幅	161
コンバージョン	25, 260

さ行

サーバー接続エラー	244
サイト内リンク	210
サイトマップ	43, 66, 130
サイトマップ作成ツール	67
サジェストキーワード	191
サブディレクトリ	180
サブドメイン	181
差別化	89

285

参照リンク	210
シグナル	30, 50
自動生成コンテンツ	28
手動対応	270
手動による対策	55, 242
紹介文	104
商品ページ	176
常時SSL	120
情報の新鮮さ	90
新規セッション率	255
新規ドメイン	181
スニペット	49, 100
スパム	18, 30, 54
スマートフォン	49, 283
セキュリティの問題	243
セッション	25, 254
絶対パス	81
相互リンク	61
相対パス	81
ソーシャルブックマークサービス	228
ソフト404	245

た行

ターゲット	188
滞在時間	25
タイトル	96, 106
タイトルタグ	96
正しいHTML	115
長文コンテンツ	206
直帰率	25, 255
データハイライター	147, 243
テキスト	74

デバイス別の傾向	249
同義語	118
動的な配信	158
独自ドメイン	62
トップニュース	174
トップページ	81, 176
トップレベルドメイン	63
トピック	172, 196
トラフィック	256
トランザクショナルクエリ	56

な行

ナビゲーショナルクエリ	56
ナビゲーション	140
日本語を含めたURL	135
ネガティブSEO	226

は行

はてなブックマークボタン	231
ハミングバード	39
パンくずナビゲーション	141
パンくずリスト	49
パンダアップデート	39
ビジネスパートナー	219
ビッグワード	182, 186
日付	273
ビューポート	161
表示回数	247
表示速度	124
被リンク	51, 212, 224

INDEX

被リンク購入 ……………………… 28
ファーストビュー ………………… 49
複合キーワード …………………… 183
プレスリリース …………………… 217
ブログ ……………………………… 178
平均セッション時間 ……………… 255
ページビュー数 …………………… 255
ページランク ………… 38, 137, 214
ペナルティ ………………………… 55
ペンギンアップデート …………… 39
補助コンテンツ …………………… 86

ま行

見出し ………………………… 108, 201
メインコンテンツ ………………… 86
メタキーワード ……………… 61, 102
メタディスクリプション ………… 100
メッセージ ………………………… 242
目次 ………………………………… 206
目標達成 …………………………… 260
目標を設定 ………………………… 93
文字数 ……………………………… 60
モバイル検索 ……………………… 155
モバイルトラフィック …………… 169
モバイルファーストインデックス
………………………… 44, 150, 156
モバイルフレンドリー …… 53, 152, 158
モバイルフレンドリーテスト …… 162
モバイルページ …………………… 170
モバイルユーザビリティ … 151, 160, 243

や行

ユーザー …………………………… 254
ユーザーエクスプローラ ………… 262
ユーザー環境 ……………………… 52
ユーザー行動 ……………………… 258
ユーザーサマリー ………………… 254
ユーザー層 ………………………… 37

ら行

ライバルサイト …………………… 198
ランキング ………………………… 46
ランクブレイン ……… 39, 47, 50
ランディングページ ………… 23, 252
リアルタイム検索 ………………… 240
リスティング広告 ………………… 23
リッチカード ……………………… 243
リッチスニペット ………………… 144
利用環境 …………………………… 282
リンク ………………… 42, 50, 214
リンク切れ ………………………… 142
リンクの階層構造 ………………… 136
リンク否認ツール ………………… 227
リンクプログラム …………… 54, 216
レイアウト ………………………… 86
レスポンシブWebデザイン ……… 158
ローカルSEO ……………………… 70
ローカルナビゲーション ………… 141
ローカルビジネス ………………… 47
ロボット …………………………… 18, 34
ロングテールSEO ………………… 184

●著者プロフィール

野澤 洋介(のざわ ようすけ)

株式会社アレグロマーケティング 代表取締役社長。法政大学工学部システム制御工学科卒。PCソフトウェアパブリッシャーにて、サポート・営業・プロダクトマネジメントおよびマーケティング部門など幅広いポジションを経験。2011年アレグロマーケティングを設立し、企業向けSEO支援ツールを主軸とした製品展開を行いつつ、ブログやセミナーを通してインハウスSEOの取り組み方を解説している。

Webサイト:**https://www.allegro-inc.com/**

お問い合わせについて

本書に関するご質問については、本書に記載されている内容に関するもののみとさせていただきます。本書の内容と関係のないご質問につきましては、一切お答えできませんので、あらかじめご了承ください。また、電話でのご質問は受け付けておりませんので、弊社Web「書籍案内」のお問い合わせフォーム、もしくはFAXか書面にて下記までお送りください。
なお、ご質問の際には、必ず以下の項目を明記していただきますよう、お願いいたします。

① お名前
② 返信先のメールアドレス、ご住所またはFAX番号
③ 書名(最強の効果を生みだす 新しいSEOの教科書)
④ 本書の該当ページ
⑤ ご使用のOSとソフトウェアのバージョン
⑥ ご質問内容

なお、お送りいただいたご質問には、できる限り迅速にお答えできるよう努力いたしておりますが、場合によってはお答えするまでに時間がかかることがあります。また、回答の期日をご指定なさっても、ご希望にお応えできるとは限りません。あらかじめご了承くださいますよう、お願いいたします。

お問い合わせ先

〒 162-0846
東京都新宿区市谷左内町 21-13
株式会社技術評論社　書籍編集部
「最強の効果を生みだす 新しいSEOの教科書」質問係
FAX 番号　03-3513-6167　URL : http://book.gihyo.jp

●お問い合わせの例

FAX

① **お名前**
技術　太郎

② **返信先の住所または FAX 番号**
03- ×××× - ××××

③ **書名**
最強の効果を生みだす
新しい SEO の教科書

④ **本書の該当ページ**
123 ページ

⑤ **ご使用の OS とブラウザ**
Windows 10
Google Chrome

⑥ **ご質問内容**
手順 3 の操作ができない

※ご質問の際に記載いただきました個人情報は、回答後速やかに破棄させていただきます。

最強の効果を生みだす 新しいSEOの教科書

2017 年 10 月 3 日　初版　第 1 刷発行

著者………………………………… 野澤 洋介
発行者…………………………… 片岡 巌
発行所…………………………… 株式会社技術評論社
　　　　　　　　　　　　　　　東京都新宿区市谷左内町 21-13
　　　　　　　　　　　　　　　電話　03-3513-6150　販売促進部
　　　　　　　　　　　　　　　　　　03-3513-6160　書籍編集部
装丁デザイン…………………… 志岐デザイン事務所（熱田 肇）
本文デザイン…………………… リンクアップ
編集／ DTP ……………………… リンクアップ
担当……………………………… 伊東 健太郎
製本／印刷……………………… 共同印刷株式会社

定価はカバーに表示してあります。

落丁・乱丁がございましたら、弊社販売促進部までお送りください。交換いたします。
本書の一部または全部を著作権法の定める範囲を越え、無断で複写、複製、転載、テープ化、ファイルに落とすことを禁じます。
Ⓒ 2017 Allegro Marketing Inc.

ISBN978-4-7741-9178-2 C3055

PrintedinJapan